Wolfgang Gewalt

Wale und Delphine

Spitzenkönner der Meere

Springer-Verlag
Berlin Heidelberg New York
London Paris Tokyo
Hong Kong Barcelona
Budapest

Mit 62 Abbildungen, davon 10 in Farbe

ISBN 3-540-56668-6
Springer-Verlag Berlin Heidelberg New York

© Springer-Verlag Berlin Heidelberg 1993
Redaktion: Ilse Wittig, Heidelberg
Umschlaggestaltung: Bayerl & Ost, Frankfurt, unter Verwendung
einer Photographie von B. Talbot, ZEFA, Düsseldorf
Innengestaltung: Andreas Gösling, Bärbel Wehner, Heidelberg
Herstellung: Bärbel Wehner, Heidelberg
Satz: U. Kunkel, Reichartshausen
Druck: Druckhaus Beltz, Hemsbach
Bindearbeiten: J. Schäffer GmbH & Co. KG, Grünstadt
67/3130 - 5 4 3 2 1 0 – Gedruckt auf säurefreiem Papier

Inhaltsverzeichnis

Vorwort

Wale haben den Menschen beschäftigt, seit es Überlieferungen gibt: als riesenhafte Ungeheuer, die – Strandgut oder Jagdbeute – ganze Sippen erhalten, aber auch Boote zerschmettern, Jonah verschlingen konnten (Abb. 1); als fabelbürtige Götterboten, welche Ertrinkende retten, Gesang lieben und ein wenig Rotwein (im Blasloch!, s. Lee 1878) zu schätzen wissen; als Rohstofflieferanten einer Industrie, die zuletzt nicht einmal mehr »Trantiere«, sondern »Einheiten« abrechnete; als Fernsehstar Flipper oder »Geist in den Wassern« (so ein bekannter Buchtitel), für den es nur noch das Wörterbuch zu finden gilt, um mit ihm sprechen zu können.

Abb. 1. Jonah im Wal.

Keine zweite zoologische Kategorie ließ schwerer zu sachlichem Urteil finden als die Cetacea, die »Waltiere«; keine zweite hat ähnlich viel Brutalität, aber auch derart dichten esoterischen Nebel auf sich gezogen. Gar zu lange hatte sich die Cetologie (Walkunde) mit dem Vermessen angespülter Kadaver, dem Sezieren blutiger Kochkesselbeute begnügen müssen, war »unsere Kenntnis vom Leben der Waltiere nahezu ausschließlich auf ihren Körperbau beschränkt« (Slijper 1961).

Immerhin hatte Slijper bereits anmerken können, daß es »neuerdings möglich geworden ist, Delphine ... zu halten und mit ihnen zu experimentieren«, fand er »unser Wissen vom Leben dieser Tiere« schon 1961 »derart erweitert«, daß seine *Riesen des Meeres – eine Biologie der Wale und Delphine* – eine Art zoologischer Bestseller wurden.

In den seither vergangenen 3 Jahrzehnten ist der Siegeszug der Cetologie in einen wahren Sturmlauf übergegangen, sind aus »ungeschlachten Monstern« Fetische des Naturschutzes geworden: Whale watching (Wale beobachten) ersetzt den Walfang, Flipper gehört ins Fernsehen und nicht in den Transieder. Längst bedarf es vervielfältigter Normantworten für den Ansturm jugendlicher Enthusiasten, die sich mit dem Berufsziel »Delphintrainer(in)« oder »Walforscher(in)« melden. Die jähe Wandlung ölspendender Schlachtopfer zu »Brüdern im Meer« brachte und bringt so manche Überschwenglichkeit mit sich.

Wenn der Große Tümmler – vormals selten mehr als ein Schatten am Schiffsbug – heute eines der besterforschten, bestbekannten Wirbeltiere schlechthin, »weiße Ratte der See« sozusagen, wurde, ist ein solcher Fortschritt untrennbar mit der Einrichtung von Delphinarien, Walarien oder Ozeanarien verbunden, mit den weitab von Sektionstisch oder Harpunenkanone geschaffenen Möglichkeiten, den Meeressäugern als Lebewesen auf Du-zu-Du-Distanz zu begegnen. Bei keiner anderen Ordnung des Tierreichs hat – was unseren Zugewinn an wissenschaftlicher Kenntnis, Sympathie und Schutzbereitschaft angeht – die Eröffnung der Zoolaufbahn so entscheidende Bedeutung erlangt wie bei den Cetacea – den bis dahin im Meeresdunkel verborgenen, im Trankessel verkochten, im Seemannsgarn verstrickten bzw. verkannten Walen.

Im Zoologischen Garten Duisburg, Gründungsort der European Association for Aquatic Mammals, habe ich diese Entwicklung – erste Delphinhaltung in Mitteleuropa, erstmals Weiße Wale, erstmals Inia, Sotalia, Jacobita, erstmals tiergärtnerische Großtümmlerzucht – über ein Vierteljahrhundert miterleben, z. T. mitgestalten dürfen. Zudem habe ich unseren Pfleglingen immer wieder auch draußen nachzuspüren versucht, von Kap Hoorn bis Alaska, vom Orinoko bis zum Yangtsekiang; und im Rhein selbstverständlich, über dessen 1966 vom Kurs geratenen Moby Dick ich der Deutschen Gesellschaft für Säugetierkunde noch mit E.J. Slijper gemeinsam berichtete und dessen *Riesen des Meeres* mein »Wale und Delphine« hier in freundlicher Erinnerung folgt.

Duisburg, Juli 1993   W. Gewalt

1 Landtiere im Wasser

Wale sind Säugetiere, die sich dem ständigen Aufenthalt im Wasser angepaßt haben.

Wenn auch einmal *alles* Leben im Wasser begann, ist unser heutiger Begriff »Säuger« doch vorrangig mit dem Bild vierfüßiger, behaarter, warmblütiger Landbewohner besetzt, also mit Hase und Maus, Hund und Hirsch, Löwe oder Kamel, die ihre im Trockenen geborenen Jungen mit Milch aufziehen.

Freilich blieb das Wasser des zu 70 % von Meer bedeckten »blauen Planeten« ein so wichtiger Lebensraum, daß in einigen Tiergruppen später ein *zweiter* (sekundärer) Anlauf zu seiner Besiedlung unternommen wurde, und zwar mit unterschiedlichem Erfolg bzw. unterschiedlich vollkommener Anpassung. Anpassung ist das entwicklungsgeschichtliche Prinzip, Lebewesen so zu formen, daß sie den Erfordernissen ihrer Umgebung bestmöglich gerecht werden, d. h. daß sie möglichst sicher möglichst zahlreich überleben.

Wenn wir uns auf die Wirbeltiere beschränken, d. h. Tiere mit Wirbeln bzw. einer Wirbelsäule, an deren Vorderende ein Schädel und ansonsten je nachdem noch »Gräten« oder Rippen, evtl. ein Schultergürtel, Beckenknochen und Extremitäten sitzen, sind die *Fische* – über 15 000 Arten! – zweifellos eine besonders erfolgreiche

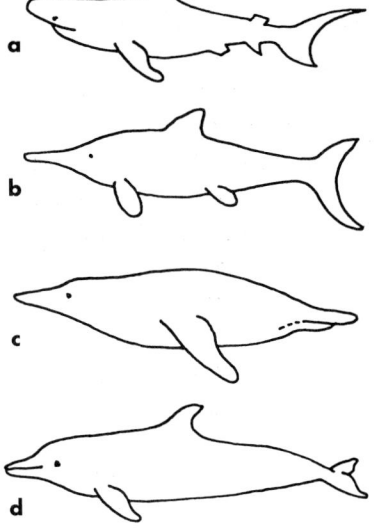

Abb. 2. a–d. Die Anpassung an das Milieu Wasser hat in ganz verschiedenen Wirbeltierklassen zur »Fischform« geführt: **a** Hai, **b** Ichthyosaurus (ausgestorben), **c** Pinguin, **d** Delphin.

Klasse. »Fischgestalt«, d. h. stromlinienglatte Spindelform mit hintenanliegendem Antrieb, ist offenkundig die zum Durchteilen von Flüssigkeit günstigste Form. Daher hat die Anpassung sekundär zum Leben im Wasser übergegangener Arten als um so gelungener zu gelten, je perfekter sie das Bauprinzip »Fisch« zumindest äußerlich zu übernehmen vermochten (Abb. 2). Bei den Reptilien entstanden in diesem Zusammenhang die schnittigen »Fischechsen« (Ichthyosaurier), unter den »luftgeborenen« Vögeln die flugunfähigen Pinguine, welche bis in die eisige Finsternis der Tiefsee vordringen können (nachgewiesenes Senkrechttauchen 700 m!).

Bei den Säugern erfolgten die Schritte zur (Rück-) Eroberung des Wassers recht ungleichmäßig, sowohl was den erreichten Anpassungsgrad als auch was die Verteilung unter ihren insgesamt 19 Ordnungen angeht. Immer wieder treffen wir dabei auf Beispiele der sog.

Konvergenz, d. h. das biologische Phänomen, daß bestimmten Umgebungsansprüchen an u. U. ganz verschiedenen Stellen des zoologischen Systems mit konvergenten, d. h. in der Wirkung gleichartigen Strukturen begegnet wird: Grabschaufeln zum Durchwühlen von Erdreich also nicht nur beim Säugetier Maulwurf, sondern auch beim Insekt Maulwurfsgrille; Schwimmhäute bzw. »Paddel« zur Fortbewegung im Wasser sowohl beim Amphibium Frosch als auch beim Vogel Ente, beim Reptil Sumpfschildkröte wie beim Säuger Seehund.

Daß Sekundäranpassungen schrittweise und u. U. uneinheitlich erfolgen, zeigt sich zumal bei Arten, die das feuchte Element nur zeitweilig aufsuchen. Der Wasserspitzmaus z. B. muß ein Saum seitlich angeordneter Haarborsten genügen, die Hinterpfoten zu ein wenig Ruderfläche zu verbreitern. Bei der Bisamratte sind die Hinterzehen nur an der Basis, beim Biber schon bis an die Nägel durch Spannhäute verbunden. Bei Fisch- und Seeotter finden sich auch die Vorderpfoten mit Schwimmhaut versehen. Die Bezeichnung »Pinnipedia« (= Flossenfüßer) der Robben schließlich rührt daher, daß hier tatsächlich alle 4 Extremitäten zu »Flossen«, d. h. abgeflachten Schwimmpaddeln umgewandelt sind; bei den sog. Hundsrobben sogar so vollständig, daß sie nur noch im Wasser benutzbar sind – an Land muß »gerobbt«, d. h. auf dem Bauch gekrochen werden.

Wenn aus galoppierenden, kletternden, schleichenden Landsäugern Wasserwesen werden sollen, stellen Um- oder Abbau ihrer Hufe/Pfoten/Tatzen einen wichtigen, aber keineswegs den einzigen Schritt dar; Modifikationsvorgänge kaum überschaubarer Detailfülle, Jahrmillionen tiefgreifender Evolution vielmehr wurden erforderlich, um haarig-kantige Festlandbewohner allmählich in »lebende Torpedos» umzuwandeln.

Für den aktiven[1] Schwimmer heißt Anpassung ans Wasser: je glatter desto besser. Schon bei Nerz und Nutria, Seebär und Kegelrobbe läßt sich der Weg zur immer perfekteren Stromlinienform verfolgen. Nasenlöcher werden verschließbar und verlagert, Ohrmuscheln verschwinden im Pelz oder völlig, störende Schultern oder Beckenknochen stehen immer weniger hervor, ein Kopf und Rumpf trennender Halseinschnitt entfällt. Neben diesen groben Äußerlichkeiten bedarf es wichtiger Anpassungen im Feinbau: Das säugertypische Haarkleid z. B. muß durch eine gleitfähigere Beschichtung ersetzt werden, die gleichwohl die Warmblütertemperatur von 37 °C selbst im Eismehr gewährleistet.

Ist die Annäherung an die typische Fischgestalt einerseits vom »Abschmelzen« hinderlicher Vorsprünge geprägt, stehen dem andererseits Neubildungen gegenüber, welche – Schwanzfluke, Rückenfinne – sozusagen aus dem »Nichts«, d. h. ohne Skelettanteil aus Bindegewebe entstehen. Im Körperinneren – beim Bau der Organe, in Atmung und Kreislauf – wurden mit dem Abtauchen ins Wasser sogar noch weit tiefgreifendere Umgestaltungen erforderlich. Bevor wir hierauf zurückkommen, sollten wir uns jedoch erst ein Bild machen, wie jene Land- und Haarsäuger des Früh-Tertiär (Paläozän) denn aussahen, auf welche die Ahnenreihe der Cetacea zurückgeht.

---

[1] Im Gegensatz zu Schwebeformen, z. B. manchen Quallen.

2 Ursprünge und Vorfahren

Für 150 Millionen Jahre der Erdgeschichte – vom mittleren Perm (250 Mio. Jahre) bis zum Ende der Kreidezeit (135–70 Mio. Jahre) – blieb das Bild der Großtierwelt durch die Klasse der Reptilien bestimmt, durch die alle Lebensräume besiedelnden, vielgestaltigen, z. T. riesigen *Saurier*. Das als Zeitalter der Säugetiere anschließende Tertiär (65–2,5 Mio. Jahre) begann im Paläozän mit kleinen bis mittelgroßen, oft langschwänzigen Formen, unter denen die Creodonta oder »Urraubtiere« in ihrer Erscheinung an unsere heutigen Hyänen erinnert haben dürften. Frühere Paläontologen pflegten die Herkunft der Wale von diesen alttertiären Creodonta abzuleiten, wozu zu passen schien, daß die heutigen Delphine »raubtierartig« leben. Genauere Untersuchungen machen inzwischen jedoch urtümliche, schweineartige *Paarhufer* – die »Stammhuftiere« oder Condylarthra – als Ausgangsbasis wahrscheinlicher. An Pflanzenfresser erinnert z. B. die Anatomie des Walmagens, dessen Mehrkammerigkeit sogar mit jener der auf Laubnahrung spezialisierten Blätteraffen verglichen worden ist. Auch die Gestalt der Harn- und Geschlechtsorgane, die Entwicklungsphysiologie, biochemisch-serologische Befunde und bestimmte Details in Zellkernen und Blutzellen deuten auf Beziehungen zu Huftieren hin. Zur

5

Rechtfertigung der Paläontologie ist zu sagen, »daß zur ältesten Tertiärzeit die Unterschiede zwischen altertümlichen Raub- und Huftieren vor allem im Gebiß nicht so groß waren wie bei den erdgeschichtlich jüngeren und in verschiedene Richtungen entwickelten Formen. Neue vollständige Funde zeigten, daß etliche bisher als Urraubtiere eingeordnete ausgestorbene Säugetiere (z. B. Arctocyonidae, Mesonychidae) keine Angehörigen der Urraubtiere (Creodonta), sondern solche der Stammhuftiere (Condylarthra) darstellen« (Thenius 1987). Sowohl Urraubtiere als auch Stammhuftiere gehen übrigens auf die schon von Slijper (1961) erwähnten Urinsektenfresser des Mesozoikums zurück, d. h. auf teilweise kaum spannenlange Prototypen, mit denen sich das Säugergeschlecht noch im Schatten der mächtigen Saurier, also bereits in der Kreidezeit hervorzuwagen begann.

Ob aber Urraub- oder Urhuftiere, auf jeden Fall waren es vierfüßige *Landsäuger* (Abb. 3). Die für die Paläontologie fühlbare Lücke besteht darin, daß sich bislang keine sehr überzeugenden Übergangsformen von diesen bis zu den Walen finden bzw. ausgraben ließen. Innerhalb des jahrmillionenlangen Umwandlungsprozesses vom terrestrischen Vierfüßer zum Wal»fisch« muß es zweifellos Zwischenstadien gegeben haben, die nicht mehr ganz dem alten, aber auch noch nicht ganz dem neuen Bauprinzip entsprachen; also z. B. amphibisch lebende Uferbewohner, deren Extremitäten noch keine perfekten Paddel, sondern erst abgeflachte Pfoten waren, mit denen sich zur Not auch auf dem Trockenen fortkommen ließ o. ä. (Abb. 5). Nach Gaskins (1982) Auffassung dürfte die Anpassung an das Wasser früher Walvorläufer kaum über jene unserer heutigen Flußpferde hinausgegangen sein (ohne freilich deren Massigkeit und Spezialisierung aufzuweisen). Alle bis jetzt entdeckten Urwale (Archaeoceti) sehen für den flüchtigen Blick

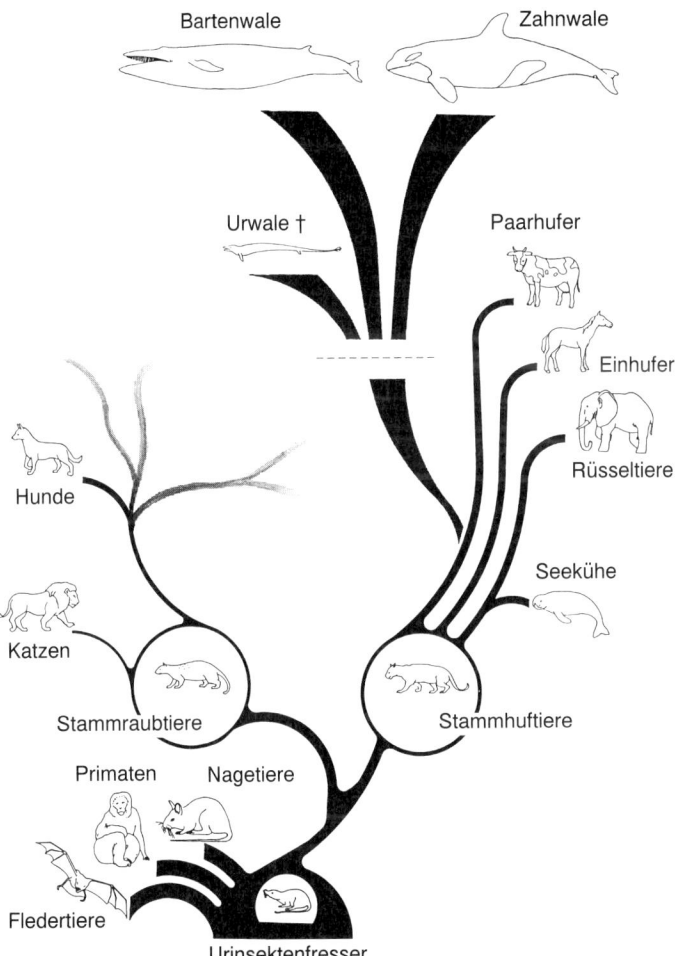

Abb. 3. Die mögliche Abstammung der Wale.

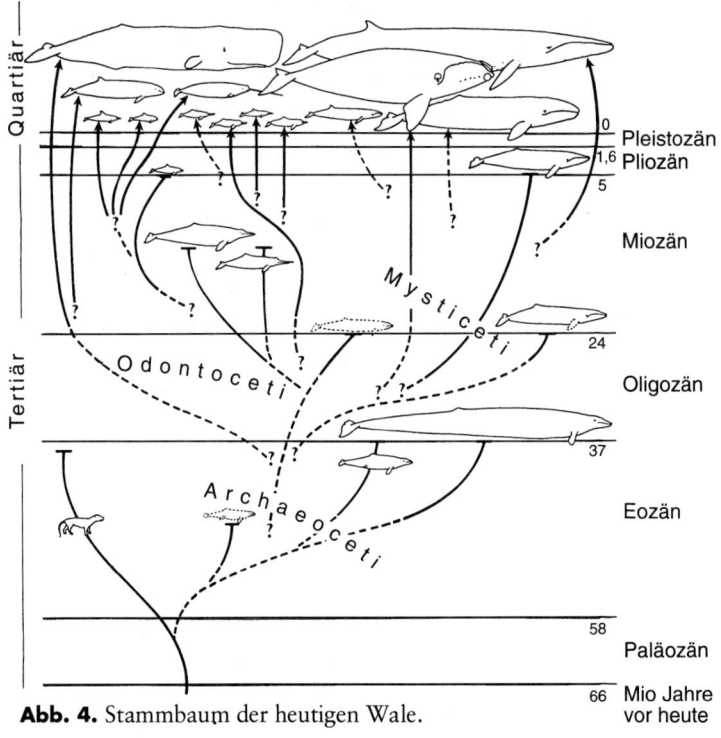

Abb. 4. Stammbaum der heutigen Wale.

jedoch schon wie moderne Delphine oder jedenfalls »fertige« Wasserwesen aus. Die körperbaulichen Überbleibsel ihrer Landtiervergangenheit sind unauffällig und nurmehr dem geschulten Anatomen zugänglich. Vor allem die ursprüngliche Vierbeinigkeit scheint alsbald dem Bild heutiger Wale, nämlich der Reduktion auf 2 Vorder»flipper« Platz gemacht zu haben. Daß wir die Wassersäuger phantasievoller Urweltgemälde manchmal auch noch mit hinterbeinähnlichen Anhängseln bestückt sehen, ist gleichwohl kein Ausdruck künstlerischer Freiheit: Versteinerte Beckenelemente, an denen solche

Gliedmaßen gesessen haben könnten, sind aus zahlreichen Grabungen bekannt; sogar bei unseren heutigen Cetaceen – vom Schweinstümmler bis zum Blauwal – finden sich noch Rudimente eines Beckengürtels. Obwohl es sich nur um zwei »verloren« in der Muskulatur des Hinterkörpers verbliebene funktionslose Knochenspangen handelt – erst durch sorgfältige Sektion zu entdecken, selbst beim mächtigen Pottwal nicht einmal kleiderbügelgroß –, sind sie ein wichtiger Beleg zur Entwicklungsgeschichte der Wale. Sie bilden daher ein bevorzugtes Studienobjekt zahlreicher Anatomen, Paläozoologen und Biologen, die an oder neben diesen Beckenresten übrigens auch Spuren früherer Oberschenkelknochen entdeckt haben.

Anlagen von Hinterextremitäten lassen sich auch bei Walembryonen nachweisen. Am 10 oder 20 mm langen Fetus nur als winzige »Knospe« erkennbar, pflegen sie – während die Vorderknospen weiterwachsen und Flossenform annehmen – zwar bald wieder zu verschwinden; sie sind jedoch ein anschauliches Beispiel für das sog. »biogenetische Grundgesetz«, nach welchem die Ontogenese (= Entwicklung des Individuums) eine kurze Rekapitulation der Phylogenese (= Stammesgeschichte der Ordnung) darstellt. So zeigen Walfeten auch Spuren ursprünglicher Behaarung, und die später als »Blasloch« zum Scheitel verschobenen Nasenlöcher sitzen beim jungen Keimling noch säugerüblich an der Schnauzenspitze. Im Zeitraffer 11- bis 16monatiger Trächtigkeit spiegelt sich also das wider, wofür die Stammesgeschichte Jahrmillionen benötigte. Ob und wie weit die »Hinteranhängsel« früher Urwale als Stützen, Paddel oder Klammerhilfe bei der Paarung dienlich waren, ist umstritten. Jüngst gelungene Fossilausgrabungen 40 Mio. Jahre alter, 1 m langer Walbeine, die eindeutig noch Funktionen hatten, Kniescheibe und Zehen besaßen, nennt der Paläontologe C. Ray mit Recht ein wichtiges »missing link« in der Cetaceen-Evolution.

■ Urwale

Fossilreste der ältesten Cetaceen, der Urwale oder Archaeoceti, sind u. a. in Ägypten gefunden worden. Das nach einem ihrer bekannteren Vertreter benannte Zeuglodon-Tal 160 km südwestlich von Kairo liegt heute in heißer Wüste. Zu Anfang des Tertiärs – die meisten Urwale entstammen dem Eozän, sind also ca. 60 Mio. Jahre alt – war diese Gegend noch Teil der Tethys. Dieses urzeitliche Warmwasser, das später zum Mittelmeer schrumpfte, reichte damals von Kamerun bis zur Ukraine und stand auch mit den heutigen Ozeanen in Verbindung. Im Paläozän, d. h. vor 65 Mio. Jahren, dürften Tethysausläufer sogar bis zum Karakorum gereicht haben, denn dort – im Kohat-Distrikt des heutigen Pakistan – haben Gingerich und Russell (1981, zit. nach Oelschläger 1987) mit den Schädelresten von Pakicetus inachus den nach derzeitigem Kenntnisstand primitivsten Urwal, ja ein vielleicht erst *walähnliches* Säugetier aufgespürt (Abb. 5). Offenbar sind es – möglicherweise sumpfige – Küsten- und Schelfregionen der Alttertiärmeere, denen wir die wichtigsten Versteinerungen von Urwalen (Archaeoceti) und Vorwalen (Protoceti), unsere Kenntnis von Durodon und Squalodon, von Basilosaurus, Pappocetus und Pakicetus verdanken. Bevor wir uns dem Leben der Wale zuwenden, sei ein kurzer Blick auf diese ausgestorbenen Vorläufer gestattet:

Rekonstruktionszeichnungen des *Basilosaurus* zeigen einen schlangenförmig-schlanken Fischjäger mit krokodilartigem Kopf, dessen biegsame 12-Meter-Gestalt an alte Gruseldarstellungen geheimnisvoller Seeungeheuer

Abb. 5. So stellt sich eine Zeichnung des Britischen Museums den Vor-Wal Pakicetus vor.

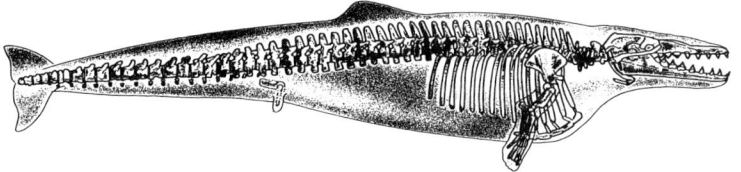

Abb. 6. Der zu den Urwalen (Archaeoceti) zählende Basilosaurus wurde zunächst irrtümlich für eine »Königsechse« gehalten. Zu beachten die Becken- bzw. Hinterbeinreste.

erinnert (Abb. 6). Da man bei den ersten Versuchen versehentlich Wirbel zweier Exemplare zusammengefügt hatte (Gregory 1951, zit. nach Oelschläger 1978), wurden sogar 24-m(!)-Monster vermutet und zunächst als »king lizards« (»Königsechsen«), also Reptilien bzw. Saurier eingestuft, bis man ihre warmblütige Säugernatur und ihren Platz an der Wurzel des Wal-Stammbaums erkannte. Umgekehrt sind fossile Schildkrötenreste einmal einem urweltlichen Vor-Delphin (Anglicetus) zugesprochen worden – paläozoologische »Spurensicherung« nach Jahrmillionen Erdgeschichte ist nicht leicht, wenn der einzige Hinweis im Bruchstück eines versteinerten Schulterblattes besteht. Gleichwohl bestehen hinsichtlich des Stammbaums der Cetacea inzwischen recht detaillierte Vorstellungen, welche die Ursprünge heutiger Verwandtschaftsgruppen, also z. B. die der Gründelwale, der Schnabelwale, der Pottwale und der (bartentragenden!) Glattwale, der Delphine, der Flußdelphine u. a. fast bis zum Oligozän, d. h. rd. 25 Mio. Jahre zurückverfolgen lassen. Nach molekularbiologischen Untersuchungen der New Yorker Stony-Brook-Universität könnte diese Auffächerung aber auch »erst« vor ca. 10 Mio. Jahren erfolgt sein.

Andere Familien – die Remingtonocetidae, Argorophiidae, Aetiocetidae u. ä. m. – sind schon/noch im Tertiär wieder ausgestorben. Die Basilosaurinae z. B. erreichen nach 15 Mio. Jahren Blütezeit nicht einmal das Miozän. Möglicherweise war ihre extrem schlanke Schlangengestalt eine evolutionistische Sackgasse. Inzwischen kann die Paläozoologie über 100 Gattungen und Arten fossiler Wale unterscheiden.

◼ Die »Heutigen«: Zahn- und Bartenwale

Die rund 80 Arten unserer heutigen Cetaceen teilen sich in 2 Hauptgruppen, die sich nach Art der Nahrungsaufnahme bzw. Bestückung der Mundhöhle unterscheiden. *Zahnwale* (Odontoceti) besitzen ein Gebiß, um Fische, Kopffüßer, Quallen und andere *Einzelbeute* zu packen; *Bartenwale* (Mysticeti) verfügen über eine Art *Filtersieb* (»Barten«), um *Schwarmbeute* – z. B.

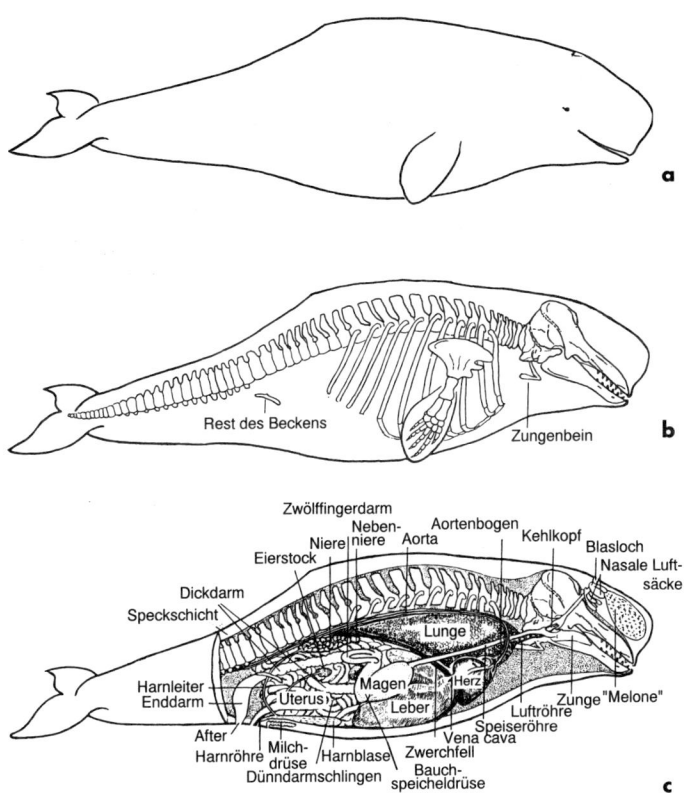

a

b

Rest des Beckens   Zungenbein

Zwölffingerdarm
Neben-   Aortenbogen
Niere niere   Aorta   Kehlkopf
Eierstock   Blasloch
Dickdarm   Nasale Luft-
Speckschicht   säcke
                Lunge
Harnleiter   Magen   Herz
Enddarm   Uterus   Leber   Zunge "Melone"
                          Luftröhre
After   Speiseröhre
Harnröhre   Milch-   Harnblase   Zwerchfell
          drüse   Vena cava
      Dünndarmschlingen   Bauch-
                  speicheldrüse

c

Abb. 7 a–c. Wie bei den meisten heutigen Walarten sind auch beim Beluga noch Beckenreste erhalten. Die scheinbare Rundköpfigkeit entsteht lediglich durch die Aufpolsterung der »Melone«.

Krillkrebschen – aus dem Wasser zu seihen (s. S. 95 ff.). Zu den Zahnwalen zählen alle Tümmler und Delphine bis hin zu Schwertwal, Gründel-, Grind- und Schnabelwalen (Abb. 7 und 8); das knappe Dutzend Bartenwale stellt die Riesen der Sippe, nämlich Grauwal, Blauwal, Grönlandwal und Verwandte (Abb. 9). Abseits beider Gruppen steht der Pottwal; er hat zwar (Unterkie-

a

b

Abb. 8 a, b. Schwertwal.

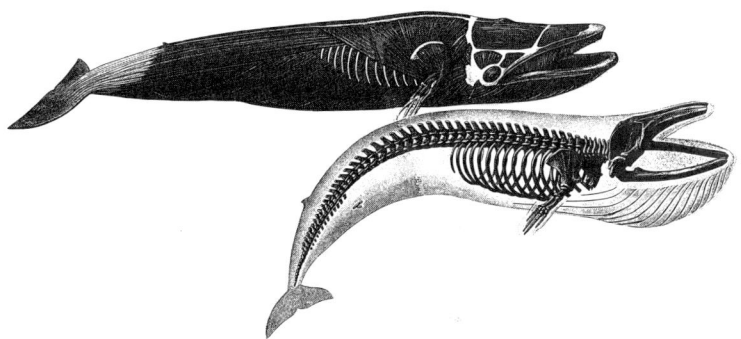

Abb. 9. Körperbau eines Bartenwals (Furchenwal). Der Blauwal ist das größte Geschöpf, das je unseren Globus bevölkerte.

fer-)Zähne, weist aber eine Reihe von Besonderheiten auf, z. B. hat er nur 42 statt der cetaceenüblichen 44 Chromosomen. Neue molekularbiologische Untersuchungen stellen ihn eher in die Nähe der Furchenwale.

Zahn- und Bartenwale erscheinen so verschieden, daß unsere zoologische Systematik die »Cetacea« in 2 Unterordnungen – die erwähnten Odontoceti und die Mysticeti – aufgeteilt hat. Zeitweilig hat man ihnen sogar den Rang eigener Ordnungen zuerkennen wollen, die aus getrennten Ursprüngen entstanden sein sollten. Neue genetische Untersuchungen Arnasons (s. Gaskin 1982) deuten jedoch auf eine gemeinsame Basis – die Archaeoceti – hin, von der aus Odontoceti und Mysticeti erst mit Anbruch des Oligozäns divergierende Wege einschlugen. Daß auch die Bartenwale auf gebißbewehrte Vorläufer zurückgehen, wird durch Befunde an Finnwalembryonen unterstrichen, die Zahnanlagen aufweisen. Auch hier gilt also das »biogenetische Grundgesetz« (s. S. 9), das in der Entwicklung des Individuums Spuren der Stammesgeschichte zeigt. Ohnehin ist das Planktonfiltrieren mit dazu gebildeten Hornfasern (»Barten«) ein

15

so kompliziertes System, daß dies nur als sekundärer Evolutionsschritt denkbar scheint. Dagegen sind die Odontoceti beim Raubtiergebiß der Archaeoceti bzw. Landsäugergebiß der Mesochynidae geblieben, ja haben es vereinfacht. Während die »Krokodilskiefer« von Basilosaurus cetoides noch Schneidezähne, Eckzähne sowie mehrgipfelige Reiß- bzw. Vorbackenzähne und ebensolche Backenzähne unterscheiden lassen, ist der »Schnabel« (Rostrum) heutiger Delphine völlig gleichförmig bezahnt. Die – bei manchen Arten über 100! – einheitlich spitzkegeligen Zähne dienen fast nur noch zum Ergreifen, selten zum Zerkleinern von Beute; bei bevorzugt moluskenfressenden Zahnwalen kann ihre Zahl vermindert, die Form modifiziert sein.

Eine Kurzfassung der Cetaceen-Evolution vermittelt einen Eindruck überzeugender Kontinuität:

Am – ohnehin länglichen – Schädel der landbewohnenden Mesonychiden sitzen die Nasenlöcher vorn, und es lassen sich verschiedene Zahnformen unterscheiden.

Bei den zeitlich anschließenden Archaeoceten wird der Schädel durch »telescoping« im Bereich des Oberkiefers noch länger, die Zahnformen bleiben unterschiedlich (Backenzähne sogar sägezackig), die Nasenlöcher rücken jedoch auf die Schnauzenmitte.

Heutige Wale tragen die Nasenlöcher als »Blasloch« oder Blaslochpaar auf der Stirn, der Schädel ist weiterhin langgestreckt[2], die Zähne sind nun

---

[2] Die scheinbare Rundköpfigkeit von Butzkopf (Hyperodon), Beluga (Delphinapterus), Rissos Delphin (Grampus) und anderen Walarten entsteht durch Aufpolsterung einer besonders ausgeprägten »Melone« (s. S. 13).

gleichförmig oder durch Barten ersetzt. Gleichzeitig werden die Vorderbeine zu Paddeln, verschwinden die Hinterbeine, und »irgendwann« ist eine Schwanzfluke da.

Doch über so manchem Abschnitt der Walentwicklung liegt noch Dunkelheit. Insgesamt hat die Evolution der Wale einen für Erdzeitbegriffe unüblich stürmischen Verlauf genommen. Daß mit dem Aussterben der Saurier am Ende der Kreidezeit eine ökologische »Nische« freigeworden sei, kann man angesichts der Größe der Weltmeere schlecht sagen; tatsächlich mag es aber so etwas wie einen »evolutionistischen Sog« gegeben haben, als dieses kaum ermeßliche Raum- und Nahrungsangebot ohne die Konkurrenz von Ichthyosaurus und Macroplata, von Plesiosaurus und Diplodocus offenlag.

Erfolgreiche Anpassung

Gewiß sind einige physikalische Eigenheiten des Lebensraums »Wasser« für warmblütige Lungenatmer problematisch: Wasser bremst und kühlt stärker als Luft, erfordert also spezielle Gleit- und Isolierstrategien, die als Anpassungen (Stromlinienform, Wirbelhemmung, Speckhülle u. a. m.) zu behandeln sind. Schon in mäßiger Tiefe wird dazu eine besondere »Tauchphysiologie« (s. S. 25) nötig. Umgekehrt erlaubt die Wasserphysik Einsparungen bei der Skelettfestigkeit und die Entwicklung von Riesenformen: Der 33 m lange, 130 t schwere Blauwal – 4mal mehr als jeder Saurier, größtes Lebewesen aller Erdzeiten – war und ist nur im Wasser getreu dem Lehrsatz des Archimedes möglich (»Jeder in eine Flüssigkeit getauchte Körper verliert so viel von sei-

nem Gewicht, wie die von ihm verdrängte Flüssigkeits-
menge wiegt.«). Wasser verhindert schroffe Temperatur-
gegensätze, Wasser erleichtert die Schallkommunikation,
die Wassertiefe bietet Schutz vor Feinden – allein die po-
sitiven Aspekte könnten den »evolutionistischen Sog«
der saurierfrei gewordenen Meere und das Phänomen
erklären, daß das »Bauprinzip Wal« mit den Archaeoceti schon bald nach der Kreidezeit gefunden und seitdem nur unwesentlich verändert worden ist.

»Seitdem« bedeutet 70 Millionen Jahre. Zu er-
gründen, was in dieser Zeit *war,* hilft verstehen, was
heute *ist.* Die Evolution der Wale ist die Entwicklung eines Erfolgsmodells.

3 Lungenluft am Meeresgrund, Warmblut unter Treibeis

Die durch das Medium Wasser bedingte Anpassung an die Fischform ahmt den Fisch als Form, d. h. äußerlich nach; innerlich sind die Wale auch nach 60 Mio. Evolutionsjahren Ex-Landsäuger, luftatmende Lungenatmer geblieben.

Fische sind Kaltblüter bzw. richtiger Wechselwarme, ihre Körpertemperatur entspricht der jeweiligen Umgebungstemperatur; in einer am Nordkap geangelten Makrele würden wir 4 °C, in einer Artgenossin aus dem Mittelmeer 24 °C messen. Fische sowie Amphibien und Reptilien besitzen und benötigen keine Thermoregulation. Dagegen halten und benötigen Warmblüter (richtiger: Gleichwarme) eine konstante Betriebstemperatur von ungefähr 37 °C; schon ein paar halbe Grade darüber oder darunter würden »Fieber« oder »beginnende Unterkühlung« bedeuten. Ob der pazifische Grauwal (Eschrichtius) vor den Gletschern Alaskas oder vor dem Wüstenrand Mexikos dahinschwimmt, sein Inneres bleibt »gleichwarm« auf 37 °C, und dies erfordert bestimmte Einrichtungen.

■ Körpertemperatur

Wichtig ist eine gute Außenisolierung, wie sie bei den Walen durch die bekannte Speckschicht, den »blubber« gewährleistet wird. Wasser ist ein viel besserer Wärmeleiter als Luft; selbst in der sommerlichen Adria beginnen wir nach einer gewissen Zeit zu frieren, da das Wasser unsere Körperwärme ableitet, d. h. uns Temperatur entzieht. Als Schutz hiergegen benutzen wir Menschen mehrschichtige Tauchanzüge, während bei Schwimmvögeln ein wasserabstoßendes, luftkammerreiches Gefieder, bei Robben ein entsprechendes Fell und beim Wal eben die erwähnte Fetthülle ausgebildet sind. Die Stärke der Fettschicht ist bei den einzelnen Arten und an bestimmten Körperbezirken sehr verschieden und kann sich je nach Jahreszeit und Nahrungsangebot verändern. Walarten, welche regelmäßige Fernwanderungen unternehmen, also z. B. zum Kalben warme Flachwasserbuchten der Äquatorzone, zum Fressen Futtergründe des Polargürtels aufsuchen, haben zu Beginn der Krillsaison nur noch eine mäßige Speckschicht, »mästen« sich in den wenigen Monaten des antarktischen Sommers aber rasch wieder auf. Auch bei reichlichem Futterangebot darf die Specklage freilich nicht zu stark werden, da sonst die – in der bitterkalten Treibeisregion scheinbar paradoxe – Gefahr eines tödlichen Wärmestaus entstehen könnte: Wale besitzen keine (unter Wasser ohnehin nicht funktionierenden) Schweißdrüsen oder andere Abkühlungseinrichtungen, so daß sich speziell schnellschwimmende Arten wie Blau- und Finnwal in zu »guter Verpackung« nur noch langsam bewegen dürften, um einem evtl. Überhitzungskollaps zu entgehen. Sobald ihre Speckhülle eine Stärke von 20 oder höchstens 40 cm erreicht hat, wird weiteres Reservefett daher in den Knochen oder zwischen den inneren Organen abgelagert, während die behäbigen, die Polargewässer z. T. nie verlassenden Glattwale, vor allem der Grönlandwal, einen 50 cm, ja in der Nackenregion u. U. bis ca. 70 cm dicken Speckpanzer aufbauen können. Bei Pott- und Buckelwal liegt die Dicke der Speckschicht bei ca. 15 cm, bei Weiß- und Narwal bei 10 cm, beim Seiwal (Körperlänge von bis zu 18 m!) bei 6 cm, bei Delphinen und Tropenbewohnern oft nur bei 1–3 cm.

Sobald ein Wal aus dem wärmeentziehenden Element Wasser hinausgerät, kann die Isolationswirkung seiner Speckschicht lebensgefährlich werden: Gestrandete Pott-, Pilot- oder Schnabelwale heizen sich rasch bis zum Überhitzungsschock auf, wenn sie an der Luft liegen, so daß gutgemeinte Rettungsaktionen (s. S. 130) schon aus diesem Grund oft vergebens bleiben; wo Delphine aus Ozeanarien in den hierfür üblichen Segeltuchmatten (s. S. 165) befördert werden, muß ihre Körperoberfläche während der gesamten Transportdauer gekühlt, d. h. in der Regel mit Wasser besprüht werden.

▨ Atmung

Auch für die Atmung besteht ein Handicap aus Landtiervergangenheiten: Fische können den lebensnotwendigen Sauerstoff mittels Kiemen dem Wasser entnehmen, »Walfische« dagegen sind Lungenatmer wie wir, d. h. sie benötigen atmosphärische Luft und müssen für jeden Atemzug an die Oberfläche kommen. Auftauchen – Atmen – Auftauchen, dieser Ablauf bestimmt das Dasein aller Cetaceen (Abb. 10). Gewiß, so sie nicht ohnehin an der Wasseroberfläche bleiben, haben schon Biber, Robbe oder Otter regelmäßig nach Luft zu schnappen, das physiologische Problem gerät jedoch in eine andere Dimension, wenn Landbewohner im Wasser

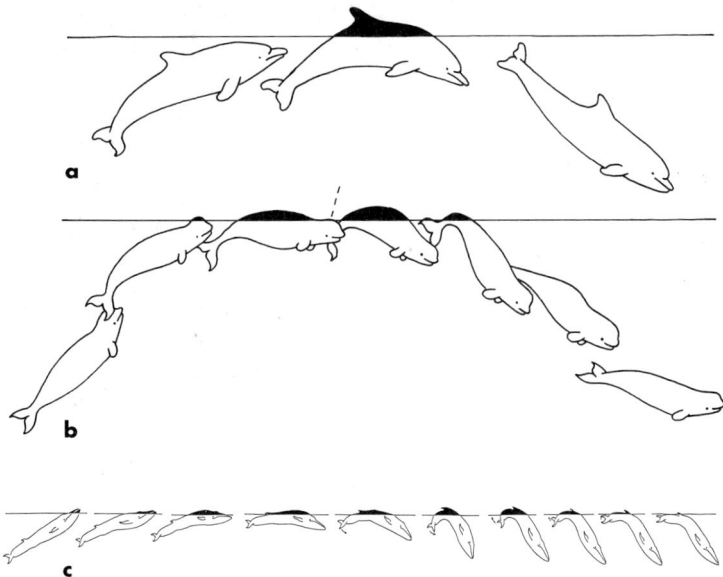

Abb. 10. a–c. Auftauchen – Atmen – Untertauchen. **a** Großtümmler, **b** Beluga, **c** Blauwal.

auch noch schlafen, kilometertief tauchen und womöglich stundenlang auf Grund bleiben sollen. Genau dies
aber tun bzw. können bzw. müssen die Wale, und dazu
sind bestimmte Anpassungen erforderlich:

Die anfangs noch säugerüblich an der Schnauzenspitze gelegenen Nasenöffnungen verlagern sich während der Embryonalentwicklung des Wales rückwärts
zur Scheitelmitte; damit sitzen sie auf jener Stelle, die
beim Auftauchen als erste über Wasser erscheint und als
einzige über Wasser *bleibt,* wenn sich der ruhende Wal
reglos treiben läßt. Sie werden durch ein elastisches Ver-
schlußpolster abgedichtet und sind bei den Zahnwalen
zu einem einheitlichen Blasloch verschmolzen (Abb. 11).
»Spritzloch« wäre ein irrtümlich gebrauchter Begriff aus

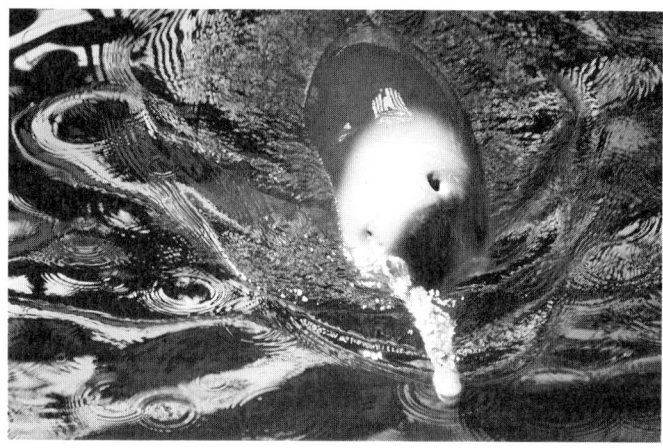

a

b

Abb. 11. a Die Nasenöffnungen der Zahnwale (Chinesischer
Flußdelphin oder Baiji) sind zu einem einheitlichen »Blasloch«
verschmolzen. **b** Bei den Bartenwalen (Südkaper) liegen 2 Atemlö-
cher nebeneinander. Zu beachten die Bewuchs-Krusten (»bonnets«), die aus verschiedenen Meeresorganismen, z. B. »Seepocken«, bestehen und oft auch von Parasiten, z. B. den zu den
Krebstieren zählenden »Walläusen« (Calamus) besiedelt werden.
Auch einige hornige Borsten sind erkennbar – Reste von
»Schnurrharen« aus der Landsäugervergangenheit der Wale.

Abb. 12. Ein Fehler, der seit dem Mittelalter unausrottbar geblieben scheint: der aus der Stirn des Wales emporschießende »Springbrunnen«!

der Hai-Anatomie, denn trotz zahlloser Darstellungen, die dort eine Art Springbrunnen hervorsprühen lassen, verspritzen Wale keine Wasserstrahlen, sondern blasen verbrauchte Luft aus (Abb. 12). Dieses Ausblasen allerdings erfolgt mit ziemlicher Vehemenz, denn in der Regel sind es nur Auftauchsekunden oder Sekundenbruchteile, in denen anschließend noch die gleiche Menge Frischluft wiedereinzuatmen ist, bevor es erneut in die Tiefe geht. Bei Großwalen umfaßt der Gaswechsel jedesmal einige Kubikmeter; die alte Lungenfüllung muß durch die vergleichsweise engen Blaslöcher regelrecht hinaus»geschossen« werden[3], wobei die Luft komprimiert wird. Im Freien dehnt sich die ausgestoßene Luft – nun druckentlastet und dadurch abgekühlt – sogleich wieder aus, wobei die im Atem enthaltene Feuchtigkeit zu einem sprayartigen Tröpfchennebel kondensiert, dem Blas. Dazu kommt ein weithin hörbares Zischgeräusch.

---

[3] Passiergeschwindigkeit ca. 500 km/h.

24

»Dort bläst er!« (nicht »dort spritzt er!«) heißt es richtig bei Herman Melville, der Blas oder Blost ist eben keine plätschernde Fontäne, sondern eine weiße Wasserdampf- bzw. Wasserstaubwolke, deren Form und Größe Walfängern und -kennern schon von Ferne verrät, welche Spezies sie vor sich haben: Die Doppelwolke der Glattwale schießt V-förmig bis zu 8 m in die Höhe, Blau- und Finnwal erzeugen einen einheitlich birnenförmigen Blas von ca. 5 m, der Dampfstrahl des Pottwals ist schräg vorwärts gerichtet usw. Anders als unsere eigenen »Atemwölkchen« ist der gröber strukturierte Blas der Wale nicht nur bei Wintertemperaturen, sondern auch über tropischen Meeren sichtbar.

Trotz der Enge des oder der Blaslöcher, trotz der Menge der zu bewegenden Gasvolumina und trotz der Kürze der fürs »Blasen« verfügbaren Zeit ist der Atemwechsel der Cetaceen außerordentlich intensiv. Während Landsäuger und wir Menschen je Atemzug nur 10–15 % des in der Lunge vorhandenen Luftquantums erneuern, sind es bei den Walen bis zu 90 %; auch können wir der eingeatmeten Luft allenfalls 5–6 % ihres Sauerstoffgehalts entziehen, Wale dagegen das Doppelte. Menschen müssen daher pro Minute ca. 15mal atemholen, gleichgroße Delphine nur 2mal.

Tauchen

Besondere Bedeutung haben Sauerstoffhaushalt, Lungenleistung und Atemtechnik natürlich für den Vorgang des Tauchens. »Tauchphysiologie« ist darüber bereits zu einem eigenen Wissenszweig geworden. Erfordert schon das Geradeausschwimmen im flachen Wasser von luftatmenden Säugern erhebliche Anpassungsleistungen, so sind die Anforderungen bei den z. T. kaum glaublichen Tauchrekorden in senkrechter Richtung noch wesentlich größer. Als Ex-Landbewohner bevorzugen zwar viele Walarten die Küstennähe, d. h. Flußmündungen, Fjorde, ja sogar Häfen, ausgesprochene Hochseeformen wie z. B. die Glattdelphine (Lissodelphis) wählen für ihren Aufenthalt in der Regel die oberen Wasserschichten. Zum großen Teil kann es vom Nahrungsvorkommen abhängen, welche Tiefen ein Wal oder Delphin ansteuert. Für das Erbeuten vieler Fischarten und auch des Krills genügen meist die obersten 10 bis 50 m, so daß man hier jagende oder seihende Wale in kurzen, regelmäßigen Abständen luftholen sieht. Wo bestimmte Tiefseetiere nur nachts in höhere Schichten aufsteigen, passen manche Cetaceen ihre Nahrungsaufnahme diesem Rhythmus an, anstatt etwa unter unnötigem Energieverbrauch tagsüber zu ihnen hinabzuschwimmen. Schon für Pinguine oder Robben sind Tauchtiefen von mehreren 100 m nachgewiesen, und Delphine können dies selbstverständlich auch; einige besonders spezialisierte Walarten sind sogar als wahre »Rekordhalter« des Tief- und Dauertauchens berühmt geworden.

An erster Stelle wird meist der Pottwal genannt, für den Tauchzeiten von 1 bis $1^1/_2$ Stunden und Tauchtiefen über 2000 m nachgewiesen sind. Daß er auf 1000 m hinuntergehen kann, war schon seit längerer Zeit dadurch bekannt, daß man Walkadaver in dieser Tiefe in Unterseekabeln verwickelt gefunden hatte; nach heutigen Meßverfahren scheint jedoch sogar die 2- bis 3fache Tauchtiefe möglich zu sein. Gerade beim Pottwal erfolgt das Beutetauchen in sehr steilem Abwärtswinkel; wenn die zeitfordernde Jagd oder das Lauern auf Tiefseekraken vorbei ist, erscheint er fast an gleicher Stelle wieder an der Oberfläche, um dort nun viertelstundenlang zu »verschnaufen«, d. h. die Lungen gründlich durchzuventilieren.

In 1000 m Meerestiefe herrschen absolut schwarze, kalte Finsternis und ein Druck von 100 Atmosphären, d. h. auf jedem Quadratzentimeter Waloberfläche lasten 101 Kilogramm. Um nicht zerquetscht zu werden, muß der Walkörper also möglichst wenig Hohlräume aufweisen, die zudem möglichst wenig komprimierbare Gase, sondern unkomprimierbare Flüssigkeit enthalten. Moderne U-Boote gerieten trotz stählerner Spanten spätestens ab 300 m Tiefe in Kollabiergefahr, während sich das kompakt gebaute Landtier See-Elefant in 700 m Tiefe ausruhen kann. Daß der Pottwal noch 3- bis 4mal tiefer zu tauchen vermag, könnte mit bestimmten Strukturen des merkwürdig unproportioniert wirkenden, riesigen Kastenkopfes zusammenhängen. Dieser besteht aus einem ölgefüllten Gewebskissen von solcher Mächtigkeit, daß die schlanke »Schnauze« – von der nur der Unterkiefer bananengroße Zähne besitzt – regelrecht darunter verschwindet. Der Kopf eines erwachsenen Pottwalbullens kann 1/4 der Länge und über 1/3 seines Gewichtes ausmachen! Früher wurde das bei Luftzutritt zu weißlich-wachsartigem »Walrat« erstarrende Kopfpolsteröl für die Samenflüssigkeit gehalten und deshalb »Spermaceti« (griech. sperma = Samen; lat. cetus = Wal) genannt; im Englischen heißt der Pottwal heute noch »Sperm whale« (Samenwal). Später begann man – und das bis in unsere Zeit –, Walrat als Salben- und Gleitmittelzusatz zu nutzen, erst vor wenigen Jahren dann wurde seine (wahrscheinliche) tauchphysiologische Bedeutung erkannt.

Die allen Zahnwalarten eigene Asymmetrie des Schädels (Abb. 13) ist beim Pottwal extrem: Statt über der Scheitelmitte sitzt das Blasloch vorne links an der Außenkante des Kopfpolsters, welches u. U. mehr als 1,5 m über den knöchernen Oberkiefer hinausragt. Mit der paarigen Nasenöffnung der Stirnknochen ist es

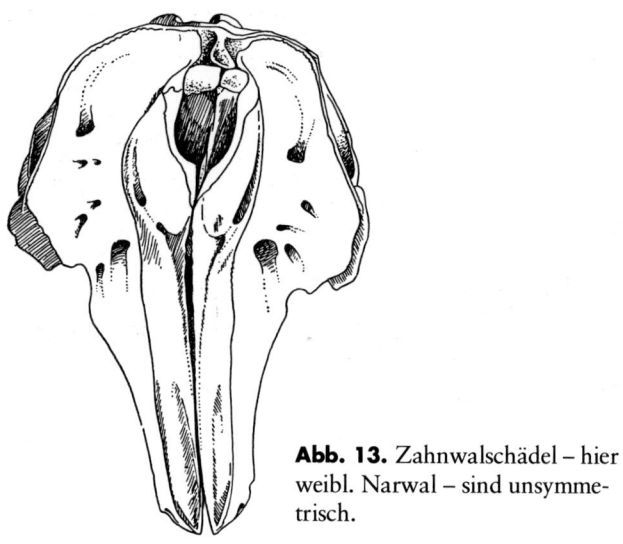

Abb. 13. Zahnwalschädel – hier weibl. Narwal – sind unsymmetrisch.

durch 2 Nasengänge verbunden, von denen der linke das Spermaceti-Kissen als weitgehend gleichförmiger »Schlauch« durchquert, der rechte und kurvenreichere dagegen zu einem flachen »Tunnel« ausgeweitet ist. Bei großen Männchen kann seine Länge über 5 m betragen, seine über dem Gehirn gelegene größte Verbreiterung, der sog. Nasofrontalsack, mehr als 1 m messen.

Wenn wir die mittelalterliche Cetologie belächeln, welche den ungefügen Monsterkopf des Pottwals dessen Fortpflanzung zuordnete, dauerte es doch bis in unsere Zeit, ehe man fand, daß die in Abb. 14 nur vereinfacht dargestellten Strukturen für gewöhnliches Aus- und Einatmen ein wenig »aufwendig« geraten schienen.

Die faszinierendste Hypothese, die die im Wal-, ja Warmblüterreich einzigartige Kopfanatomie und -physiologie des Pottwals überzeugend mit dessen Tauchrekorden in Zusammenhang bringt, verdanken wir dem britischen Biologen Macolm R. Clark (1978). Erst Ende

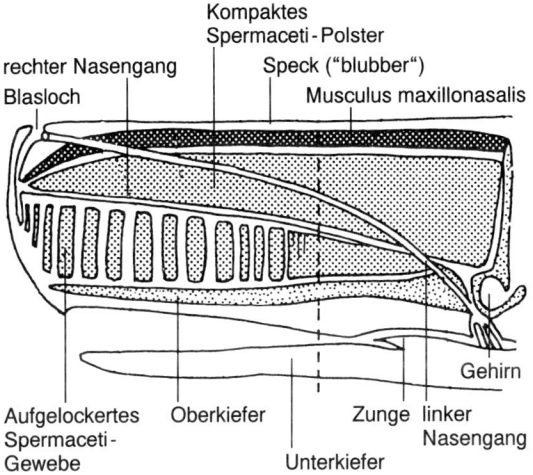

rechter Nasengang
Blasloch

Kompaktes
Spermaceti-Polster
Speck ("blubber")
Musculus maxillonasalis

Gehirn

Aufgelockertes
Spermaceti-
Gewebe

Oberkiefer

Unterkiefer

Zunge

linker
Nasengang

Abb. 14. Pottwalkopf (schematischer Längsschnitt).

der 70er Jahre und nur vorläufig konzipiert, beinhaltet
sie ungefähr folgendes: Wenn der Pottwal nach u. U.
mehr als einstündiger Tauchzeit wieder an der Stelle seines Verschwindens hochkommt und dabei frische Tief-
seebeute (z. B. Riesenkraken) im Magen hat, muß er dieser am Meeresboden oder in einer bodennahen
Wasserschicht aufgelauert, d. h. er muß dort regungslos
gelegen oder »geschwebt« haben. Da tote Pottwale an
der Oberfläche treiben, müssen sie also die Möglichkeit
besitzen, ihr spezifisches Gewicht zu verändern. Zum
Hinabtauchen, falls es ohne Kraft- bzw. Bewegungsauf-
wand erfolgen soll, muß das Körpergewicht größer, zum
Wiederemporkommen kleiner als das des umgebenden
Wassers, zum reglosen Lauern bzw. Schweben mit diesem identisch sein. Bei Fischen kann das Eigengewicht
durch unterschiedliche Gasfüllung der Schwimmblase
der betreffenden Wassertiefe angepaßt werden, für den
Pottwal sieht Clarks Theorie das Spermaceti-Organ in

29

dieser Funktion: Durch einen sich über die gesamte Kopflänge hinziehenden Muskel (M. maxillonasalis) kann der weitlumige rechte Nasengang beim getauchten Tier »geflutet«, d. h. durch das Blasloch mit Seewasser gefüllt werden. Als »Atemweg« unter Wasser ohnehin funktionslos und für diese Zeit durch einen Ringmuskel vom Zugang Luftröhre–Lunge getrennt, würde der rechte Nasengang des Pottwals damit zu einer Art »Tauchzelle«, wie sie aus dem U-Bootbau bekannt sind. Während U-Boottauchzellen aber lediglich statisch funktionieren – »geflutet« = wassergefüllt sinkt das Fahrzeug, »angeblasen« = mittels Preßluft leergepustet, steigt es –, spielt beim Spermaceti-Organ auch die physikalische Chemie eine Rolle: 50 l Meerwasser im rechten Nasengang machen einen Pottwal nicht nur kopflastig[4] bzw. 1 Zentner schwerer, sondern gleichzeitig das den Nasengang umgebende Walrat kühler. Unter Umständen beträgt diese Abkühlung nur 1 °C oder 2 °C – die »Walrat«, »Spermaceti« oder »sperm oil« genannte Mixtur aus Triglyzerinfetten und Wachsen reagiert jedoch schon auf minimale Temperatur-(und Druck-)Veränderungen. Während der *Pottwalkörper* die normale Säugetierwärme von ca. 37 °C hält, liegt die Temperatur seines Kopfpolsters dank besonderer Gefäß- und Gewebsstrukturen nur bei ca. 33 °C. Walrat von 33 °C zeigt sich durchsichtig-flüssig, schon bei nur 32°–30 °C beginnt es jedoch, milchig und schließlich kristallin auszusehen, d. h. sich zu Wachs zu verfestigen; und zwar um so rascher, wenn außer der Kälte auch der Druck zunimmt.

Es geht daher nicht nur um das Eigengewicht der 50 (oder 150) l Meerwasser, die in den rechten Nasen-

---

[4] Der *Kopf* eines Pottwalbullen kann 16 t, d. h. mehr als 3 Elefanten wiegen; ca. 2,5 t davon entfallen auf das Spermaceti-Öl.

gang strömen: je mehr Wasser, desto mehr Kühlung = Verdichtung = Gewichtszunahme für das Walrat; je mehr Außendruck (10 m tiefer = 1 Atmosphäre), desto stärkere Verdichtung. Je tiefer, desto müheloser taucht bzw. sinkt ein Pottwal hinunter – fast genauso aber schwebt er nach anderthalb Stunden wieder (1 oder 2 km!) empor: Er muß dazu lediglich seinen rechten Nasengang vom (kalten) Meerwasser leeren, die (warmen) Blutgefäße wieder ankoppeln und das Walratwachs ins leichtere Walratöl zurückverwandeln. – Das monströse Kopfpolster mag außer als »Wärmeaustauscher«, »Tauchzelle«, »Ballasttank« noch weiteren, vielleicht sogar komplizierteren Aufgaben dienen können; trotzdem bzw. gerade deswegen sei darauf hingewiesen, daß keineswegs alle Pottwale auf Tiefenrekorde aus zu sein scheinen: Viele gehen nur 10 min lang auf ca. 300 m hinunter (Lockyer 1977), während umgekehrt der nördliche Entenwal (Hyperodon ampullatus) *ohne* Spermaceti-Organ durchschnittlich 30 min, in Notfällen sogar (angeblich) über 2 Stunden unter Wasser verschwindet.

Wale sind Exlandtiere, viele Arten küsten- oder wenigstens schelfgebunden, für »Tiefenrausch« besteht dort wenig Anlaß. Wenn man sich klar macht, daß schon »gewöhnliche« Landtiere – Schnabeltier 10 min, Bisamratte 12 min, Flußpferd 15 min, Biber 20 min – unter Wasser bleiben können, wirkt beinahe dürftig, daß es der Gewöhnliche Delphin (Delphinus delphis) nur auf 3 min, der Große Tümmler auf allenfalls 15 min bringen (Bonner 1989); ja daß viele Klein- und Mittelwale sogar alle 30–40 Sekunden luftholen, da sie statt energiezehrender Tiefenrekorde die oberen Wasserschichten bevorzugen. Daß bei bestimmten Arten und Anlässen trotzdem schier unglaubliche Tauchzeiten und -tiefen (s. S. 26) registriert werden, hat spezielle Strategien der Sauerstoffhaltung zur Voraussetzung. Wie

Abb. 15. a Die Blaswolke des Pottwals ist schräg nach vorn gerichtet. **b** Ein Südkaper zeigt seine – ca. 4 m breite – Schwanzfluke; zu beachten auch der weißliche Krustenbewuchs am Kopf.

schon erwähnt, wechselt der Wal beim »Blasen« 90 % seines Lungenvolumens (Abb. 15) und entzieht ihm 10 % Sauerstoff, nimmt insgesamt aber wenig Atemluft mit nach unten, denn gerade die tieftauchenden Arten besitzen nur überraschend kleine Lungen von geringem Fassungsvermögen. Bei einem Säugetier, das anderthalb Stunden unter Wasser bleibt, würde man eigentlich das

Gegenteil erwarten – eben der *geringe* Lungeninhalt ist aber offenbar ein wirksamer Schutz vor der sog. Taucherkrankheit.

Taucherkrankheit entsteht, wenn der in größerer Wassertiefe herrschende Druck immer mehr von der in der Lunge mitgeführten Luft ins Blut übertreten läßt. Kehrt man dann zu rasch wieder zur Oberfläche zurück bzw. läßt der Druck zu rasch nach, bleibt der im Blut aufgelösten Luft – vor allem dem Stickstoffanteil – nicht genügend Zeit, schrittweise gasförmig in die Lungen zurückzukehren: Wie beim plötzlichen Öffnen einer Sektflasche bildet sich eine Fülle von Bläschen , welche die Gefäße verstopfen und tödliche Embolien hervorrufen können. Hilfe kann in speziellen Druckkammern künstlich verlangsamter »Dekompression« erfolgen. Die Wale hingegen haben das Risiko dadurch minimiert, daß sie von vornherein wenig Atemluft mitnehmen und diese bevorzugt in den druckfesten Bronchien »verstauen«. Während die Lunge des Menschen mehr als 30 % seines Sauerstoffvorrates beherbergt, enthält sie bei den Walen nicht einmal 10 %. Der Anteil des an Blut bzw. an den Blutfarbstoff Hämoglobin gebundenen Sauerstoffes bleibt mit 41 % bei Mensch und Tier ziemlich identisch, dieselbe Speicherkapazität = 41 % (das restliche Depot sind Gewebe) kommt bei den Walen jedoch noch in den Muskeln, d. h. in Anbindung an das Myoglobin hinzu. (Der Muskelfarbstoff Myoglobin verleiht dem Walfleisch dessen typische, dunkle Farbe.)

Die perfekte O_2-Vorratshaltung wird durch zusätzliche Mechanismen ergänzt: Wie bei anderen tauchenden Säugern und Vögeln verlangsamt sich der Herzschlag unter Wasser erheblich; nicht lebenswichtige Körperbereiche können vorübergehend vom Kreislauf »abgekoppelt« werden. Blutdrucküberschuß- oder -ausgleichsmengen werden im Aderfiligran sog. »Wunder-

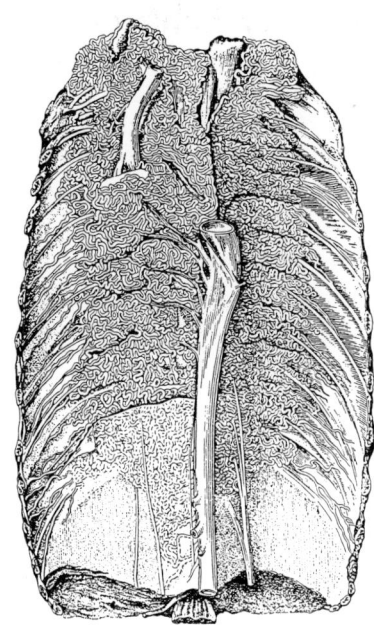

Abb. 16. Die sog. Wundernetze, hier im Brustraum eines Kleintümmlers, bestehen aus feinverknäuelten, sehr dehnbaren Adern. Wahrscheinlich dienen sie als »Speicher« für sauerstoffreiches Blut und/oder als zusätzliches Hilfsmittel für den Wärmehaushalt des Körpers.

netz« weggestaut (Abb. 16), Muskel-Stoffwechsel-Vorgänge ohne Sauerstoffverbrauch abgewickelt usw. – Erst im Zusammenwirken solcher Anpassungen konnten Exlandbewohner finstere Tiefsee wie sonnige Lagunen erobern, während manch »wassergeborener« Fisch schon bei 100 m Schichtendifferenz in Lebensgefahr gerät.

4 Schwimmen und Schlafen

Schwimmen

Schwimmen, Tauchen und die »zum Durchteilen von Flüssigkeit günstigste Körpergestalt« (= stromlinienglatte Spindelform mit hintenliegendem Antrieb; s. S. 2) hängen unmittelbar zusammen. Während die Bewegungsrichtung des Tauchens schräg oder sogar senkrecht zum Wasserspiegel verläuft, pflegt normales Schwimmen etwa parallel und relativ nah zur Oberfläche zu geschehen; d. h. als gerade Waagerechte, die lediglich durch die kurzen Bögen des »Blasens« unterbrochen wird. Einziger Antrieb ist in jedem Falle die zweizipfelige Fluke (Abb. 17), die im Gegensatz zur senkrechten Schwanzflosse der Fische quergestellt ist; die Vorderextremitäten (Flipper) geben allenfalls kleine Steuerhilfen, treten ansonsten aber nicht zur Fortbewegung, sondern bei bestimmten Verhaltensweisen innerartlichen Kontaktes, der Jungenfürsorge oder des Nahrungserwerbs in Funktion.

Nur aus Bindehaut bestehend und nicht durch »Flossenstrahlen« oder ähnliche Skelettelemente ausgesteift (die Wirbelsäule endet in bzw. sogar *vor* der Mitte), ist die Walfluke gleichwohl ein überaus wirksames Antriebsorgan. Ihre Schubkraft bezieht sie aus 4 gewal-

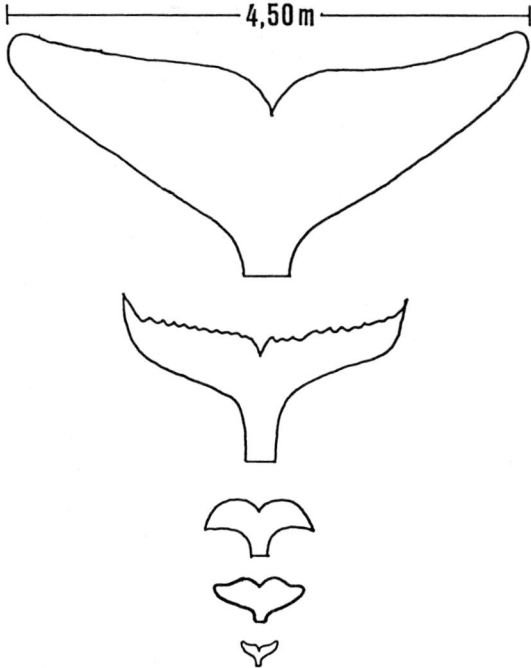

Abb. 17. Obwohl »freitragend« nur aus Bindegewebe aufgebaut, kann die Flukenbreite großer Walarten rund 5 m erreichen! Die Form ist stets zweizipfelig, der sonstige Umriß jedoch je nach Art verschieden. *Von oben nach unten:* Blauwal, Buckelwal, Narwal, Beluga und Jacobita.

tigen Muskelzügen (Abb. 18), die einen Großteil des Hinterkörpers einnehmen und den sog. Schwanzstiel (»tail stock«) bilden. Durch den Auf- und Niederschlag der Walfluke ergeben sich Vertikalbewegungen, wie sie vergleichbar beim galoppierenden Pferd o. a. Landsäugern entstehen – deutlich verschieden vom *seitlichen* »Schlängeln« der Fische oder der Reptilien.

Trotz der außergewöhnlichen Zähfestigkeit des Flukenfasergewebes – Wale können mit ihrem »Schwanz«

36

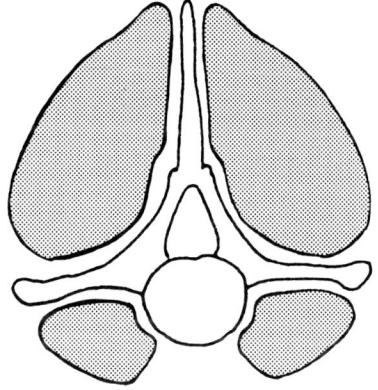

Abb. 18. Querschnitt durch den Schwanzstiel eines Delphins, um die ober- und unterhalb der Wirbelsäule angeordneten Muskelbündel zu zeigen.

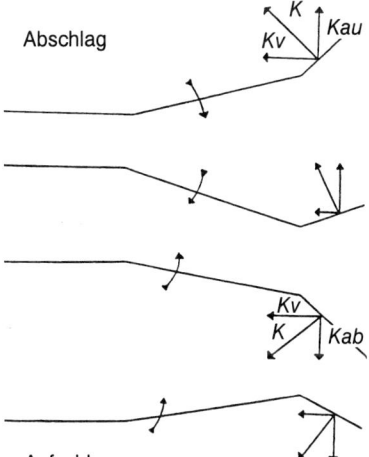

Abschlag

K
Kv Kau

Kv
K Kab

Aufschlag

Abb. 19. Die bei der Auf- und Abbewegung der Fluke wirkenden Kräfte.

Ruderboote zerschmettern und hinsichtlich der »Spannweite« beinahe Drachenfliegermaße erreichen – folgt es für die Antriebsbewegungen des Schwimmens den Erfordernissen der Hydrodynamik: Beim Aufwärtsschlag bleibt die Fluke fast gerade, beim Abwärtsschlag krümmt sie sich wasserwiderstandsmindernd baucheinwärts; die

37

Verteilung der dabei auftretenden physikalischen Kräfte ist Abb. 19 zu entnehmen. Die Vortriebsleistung ist erstaunlich: Die Anschwimmgeschwindigkeit für den 5-m-Hochsprung eines 200 kg schweren Delphins z. B. beträgt ca. 40 km/h, das Tempo spielerisch einem Motorboot folgender Jacobitas wurde gar auf 60 km/h geschätzt. Weniger durch Rasanz als durch die zu bewegenden Massen beeindruckt der Schub, der zum raketenstartähnlichen Emporwuchten eines Schwertwales (7 t), Buckelwales (40 t) oder Südkapers (50 t) erforderlich ist. Auch beim normalen Geradeausschwimmen ergeben sich jedoch – die nur um 3,5–5,5 km/h langsamen Glattwale[5] ausgenommen – respektable Meßwerte:

	auf Lang-strecken	auf Kurz-strecken
Pottwal	18 km/h	37 km/h
Furchenwal	25 km/h	50 km/h
Buckelwal	8 km/h	km/h
Grauwal	10 km/h	km/h
Schwertwal	km/h	55 km/h
Weißschnauzendelphin	km/h	45 km/h
Gewöhnlicher Delphin	km/h	65 km/h

Verläßliche Angaben stammen aus dem Vergleich mit fahrenden Schiffen, die von den Tieren eingeholt, begleitet oder sogar *überholt* werden[6]. Erstaunlich ist jedenfalls die Tatsache, wie hervorragend die relativ »kleinen« Delphine mitzuhalten vermögen (Abb. 20). Bei

---

[5] Wegen ihrer schon dem einfachen Ruderboot unterlegenen Behäbigkeit und des »Vorzuges«, nach tödlichem Harpunenstoß nicht zu versinken, wurden sie von den Walfängern »right whales« = die (zum Jagen) »richtigen« Wale genannt.
[6] Nicht mit dem Auf-der-Bugwelle-Reiten (»Bow riding«) zu verwechseln, bei welchem sich Delphine von der Fahrströmung schieben oder mitziehen lassen (s. S. 113).

a

b

Abb. 20. a Besonders große Geschwindigkeiten erzielen Delphine – hier Jacobitas – an oder über der Wasseroberfläche; zum Extrem entwickelt ist dieses Verfahren vor allem bei den Glattdelphinen (Lissodelphis). **b** Hydrodynamische Zug- und Schubkräfte ermöglichen das für viele Delphinarten typische Bugwellenreiten (Bowriding) vor Schiffen oder auch größeren Walen.

gleicher Bauart sind größere Tiere (oder Fahrzeuge) in der Regel schneller als kleine. So flink die Maus unserem Auge dahinzuhuschen scheint, schon 2, 3 Trabschritte eines Pferdes lassen sie chancenlos hinter sich. Dagegen können sich ein schnittiger 100-t-Blauwal und ein 40 kg leichter Jacobita-Delphin ausdauernde Kopf-an-Kopf-Rennen liefern, weil die Schwimmleistung vieler Cetaceen insgesamt größer zu sein pflegt, als sich aus Muskelkraft plus Flukenfläche errechnet.

Daß Wale im Wasser rascher vorankommen, als mathematisch »zulässig« wäre, verdanken sie einer Spezialität, welche den Reibungswiderstand zwischen Waloberfläche und Wasser entscheidend herabsetzt. Jedem Schiffsbauingenieur ist geläufig, daß Bewegungen eines Körpers in Flüssigkeit *Wirbel* erzeugen, die eine gewisse Bremswirkung haben. Wale oder Delphine dagegen schwimmen fast ohne »Kielwasser« (= Wirbel) so zügig dahin, daß der alte Technikertraum »strömungsfreier Laminarströmungen« zwischen einem Körper und den von diesem durchteilten bzw. mitgeschleppten Wasserschichten tatsächlich erfüllt scheint. Die Frage »wie« bzw. »wodurch« hat viele Untersuchungen (und Theorien), aber nur eine Übereinstimmung erbracht: einfach nur »glatt« zu sein, genügt nicht.

Die Oberhaut mancher Delphine läßt z. B. schon mit bloßem Auge ein feines Rillenmuster erkennen, dessen Form und Richtung sich nach strömungsmechanischen Erfordernissen verändert. Mikroskopische Schnitte zeigen »rillenbildende« Blutgefäße, die sich blitzschnell füllen und zusammengezogen wieder leeren, die Haut»dicke« um Millimeterbruchteile, die Hauttemperatur um Milligrade ändern und so evtl. Bremswirbelbildungen schon im Ansatz ausschalten können. Sicher nicht zufällig sind sie an den wirbelgefährdetsten Partien »tail stock«, Flipperinnenseite und Fluke besonders gehäuft. In komplizierte Details gehen Untersuchungen des Aerodynamikers Max O. Kramer (1969, 1977), der die reibungsmindernden Strukturen den Meßkriterien der Raketentechnik bzw. der Grenzschichtforschung unterzog. Während bei Fischen oft schon ein *Schleimüberzug* der Oberfläche ausreicht, um mehr (willkommene) laminare als (unwillkommene) turbulente Strömungen entstehen zu lassen[7], fand Kramer beim Weißseitendelphin hierfür einen differenzierteren 3-Lagen-Aufbau der Haut in Funktion: eine dünne, bis zu 40 % dehnbare äußerste Schicht, die man »mit dem Fingernagel abkratzen« bzw. wie einen durchsichtigen »Film von ihrer Unterlage abziehen« kann. Darunter folgt eine 0,5 mm dicke Puffermembran, wiederum darunter eine als Flüssigkeitsdämpfer funktionierende 1-mm-Schicht, die dicht an dicht von in Strömungsrichtung verlaufenden, wassergefüllten Kanälchen durchzogen ist. (Erst darunter liegt das ca. 6 mm starke »Delphinleder«, das früher zur Herstellung von z. B. Schnürsenkeln benutzt wurde; darunter folgt dann die Speckschicht). Kramer hat daraufhin versucht, aus flexiblen Wasserröhrchen, Schaumgummi und dünnen Kautschuküberzügen eine »künstliche Delphinhaut« nachzubauen, die ihr natürliches Vorbild zwar nur vergröbert zu imitieren vermochte, beim Modellversuch im Strömungskanal immerhin aber bereits eine Bremswirbelverminderung von mehr als 50 % ergab. Test-U-Boote wurden um 20 % schneller, als man sie mit »soft skins« bekleidete (Bright 1991). Andere bionische[8] Nachbauten haben die in die Delphinoberhaut münden-

---

[7] Nach Harrison sorgt auch bei den Cetaceen eine Art »Schmiermittel», nämlich der ständige Abrieb der an ihrer Hautoberfläche besonders lebhaften Zellbildung für die notwendige Gleitglätte zwischen Walkörper und Wasser.
[8] Bionik = Teilbereich der Kybernetik, der sich mit der Anwendbarkeit biologischer (Bau-)Prinzipien für technische Systeme befaßt.

den Blutgefäße durch winzige Drahtenden ersetzt, und auch diese künstlichen »Stoppelfelder« führten zu verblüffenden Reibungsverlusten bzw. Tempogewinnen, wenn sie etwa zur teilweisen Auskleidung von Pipelines oder als Überzug von Schiffsmodellen benutzt wurden. Zoo-Delphine betreiben ausgiebige Hautpflege an hierzu angebrachten Unterwasserbürsten, Belugwale scheuern sich evtl. Algenbeläge an Geröllstränden ab (Bright 1991).

Vermutlich ist es ein Zusammenwirken mehrerer Mechanismen, das die erstaunlichen Schwimmleistungen vieler Cetaceen ermöglicht, jedoch sollten diese nicht überschätzt werden. Schon ein urtümliches Reptil wie die hornigschuppige Lederschildkröte erreicht Schwimmgeschwindigkeiten bis etwa 40 km/h, von den z. T. auch betreffend der Tauchphysiologie konkurrenzfähigen Pinguinen und Robben (s. S. 25) gar nicht zu reden. Dagegen gibt es unter den rd. 80 Walarten neben Fernwanderern und Hochseespringern eine ganze Auswahl von in Fjorden, Häfen oder jedenfalls Küstennähe eher gemächlich lebenden Formen.

▓ Schlafen

Für alle Wale ist das mehr oder weniger ungehindert und wirbelfrei durchteilte Substrat Wasser außerdem zwangsläufig das Milieu, in dem sie *ruhen* bzw. *schlafen,* d. h. einen zeitweilig bewegungslosen oder -armen Aufenthalt finden müssen (Abb. 21); wobei die Ruhe des Luftatmers Wal an oder nahe der Wasseroberfläche stattfinden muß. Das spezifische Eigengewicht vieler Fische kann durch die wechselnde Gasfüllung ihrer Schwimmblase, das der Pottwale durch Fluten oder Ausblasen ihres Spermaceti-Organs (s. S. 29) modifiziert

Abb. 21. Einen ungewöhnlich festen Schlaf muß dieser Wal gehabt haben: Der irische Heilige St. Brendan soll sogar einen Altar aufgeschlagen haben, nachdem er an der vermeintlichen »Insel« an Land gegangen war!

werden, die meisten Delphine und anderen Wale dagegen sind »ein für allemal« für eine bestimmte Wasserqualität, nämlich den Durchschnittsozean von ungefähr 2,7–3,1 % Salzgehalt ausbalanciert. In Meeresgebieten dieser Konzentration bzw. Dichte »schweben« bzw. können sie so regungslos an der Oberfläche »hängen«, daß nur das Blasloch herausschaut (Abb. 22). Früher wurden in diesen Meeresgebieten schlafende Wale nächtens gar nicht selten gerammt, als die Schiffe statt mit lärmenden Motoren noch von lautlosen Segeln angetrieben wurden.

Deutlich wurden diese Zusammenhänge in mit künstlichem Seewasser betriebenen Delphinarien: Wo

a

b

Abb. 22. a, b. Ruhegruppen von Jacobitas (**a**) und Schwertwalen (**b**).

44

»Salz gespart«, z. B. nur eine 1,5-%-Konzentration geboten wurde, mußten die schlafbedürftigen Tiere zu viel paddeln; wo man es mit 6 % Salzgehalt »zu gut meinte«, erschöpften sie sich beim nun beschwerlicheren Vorwärtsschwimmen und Tauchen (zusätzlich traten in beiden Extremen osmosebedingte Hautschädigungen auf). Richtiges Schlafen, d. h. reglos an der Oberfläche »hängen« ist nur im »richtigen«, in seiner Dichte dem Körpergewicht entsprechenden Wasser möglich. Die in solchem Wasser fast waagerecht ruhenden Tiere legen sich mit ihrer Stirn bzw. der »Melone« oft an einer Eisscholle oder einer Felskante, im Delphinarium am Bassinrand »vor Anker«. In »dünnerem«, salzärmeren Wasser werden Flachzonen aufgesucht, an deren Grund sie sich mit der Schwanzfluke aufstützen. Walarten oder -individuen, die ähnlich wie manche Seehunde in *senkrechter* Körperhaltung ruhen, sinken langsam nach unten, um zum Atmen ebenso langsam und vermutlich im »Halbschlaf« ca. alle 3–5 min wieder nach oben zu steigen. Wie manche andere Tiere können sie diese Kurzschlafperioden offenbar »addieren«.

Wenn wir Ruheschlaf mit Bewegungslosigkeit gleichsetzen, ist hervorzuheben, daß für manche Delphine offenbar *niemals* Stillstand eintritt: Großtümmlerweibchen des Duisburger Zoos, die nach der Geburt ihres Jungtiers rund um die Uhr observiert wurden, sind mit diesem monate-, ja halbjahrelang Kreisbahnen geschwommen, ohne ein einzigesmal zu pausieren! Während das Junge dabei öfters nur im hydrodynamischen »Sog«, d. h. passiv mitgezogen werden dürfte, muß für die scheinbar daueraktiven Muttertiere die These von zwei abwechselnd »abschaltbaren« Hirnhälften in Anspruch genommen werden. Die ersten, noch weitgehend spekulativen Überlegungen Lillys, wonach Delphine mit nur einer»wachen« Hemisphäre (Großhirnhälfte) schla-

45

fen könnten, sind durch spätere Elektroenzephalogramme (EEG = Messung der Gehirnströme) von Mukhametov et al. (1977, 1984, 1987) untermauert worden: Während die Elektroaktivität der linken Kopfseite z. B. volle körperlich-mentale Präsenz signalisiert, drücken die rechtsseitig aufgezeichneten Kurven lediglich »Schlaf« aus und bemerkenswerterweise auch »Träume«, was bei männlichen Delphinen z. B. durch Erektion erkennbar ist. Nach solchen EEG-Daten bemessen, verschläft der Standarddelphin namens Großer Tümmler ca. 33,5 % des Tages.

5 Sinne und Sinnesleistungen: »Mit den Ohren sehen«?

Von den für Höhere Wirbeltiere typischen »5 Sinnen« Sehen, Hören, Riechen, Schmecken und Fühlen (Gleichgewichtssinn, Zeitsinn, Temperatursinn, Ortssinn u. ä. sollen unberücksichtigt bleiben) scheint den Walen lediglich der Geruchssinn zu fehlen; auch die Ausbildung und Gewichtung der übrigen weicht von entsprechenden Landsäugerverhältnissen z. T. jedoch deutlich ab. Während viele terrestrische Raub- und Huftiere ausgesprochene »Makrosmatiker«, d. h. vorwiegend *geruchsorientiert* sind, fehlen dem Walhirn Riechnerv und -zentrum vollständig. Statt der Fähigkeit, Beute oder Feinde zu »wittern», dürfte immerhin ein gewisses Geschmacksempfinden, also ein Wahrnehmungsvermögen für im Wasser gelöste Stoffe vorhanden sein, da es im Delphinariumsexperiment gelang, Delphine auf Unterscheidung der 4 Hauptgeschmacksrichtungen sauer, salzig, bitter und süß abzurichten.

Tasten

Die ungleich größere Bedeutung des *Tastsinns*, des Fühlenkönnens, geht schon aus der kräftigen Ausbildung des Trigeminusnervs hervor. Im Zoo gehaltene

Wale zeigen sich für »Streicheleinheiten« jeglicher Art fast unbegrenzt empfänglich, auch untereinander sind vielerlei Formen engen Körperkontaktes verbreitet: Muttertiere dirigieren ihre Jungen durch sanfte Schnauzenstöße, Sexualpartner umklammern einander mit den Flippern, Herdengenossen entwickeln hautnahes Simultan-Schwimmen usw. Neben den zumal beim Amazonas-Orinoko-Delphin (Inia) erhaltenen Resten von »Schnurrhaaren« mag bei anderen Arten die Zungenspitze als gelegentliches Tastinstrument dienen, taktile Reize aus der Berührung mit Felsvorsprüngen, Tangbüscheln, Wasserströmungen, Luftblasenwirbeln usw. werden mit dem gesamten Körper wahrgenommen und oft gezielt aufgesucht.

Hören

Die für die Wale wichtigsten Sinnesbereiche »Hören und Sehen« erfordern eine etwas ausführlichere Behandlung. Nachdem in US-Marinestudios gehaltene Großtümmler erstmals in den 40er Jahren die Vermutung aufkommen ließen, daß die Tiere über die Fähigkeit zu einer Art Echolotpeilung, d. h. über eine Art Sonar[9] verfügen könnten, brachten daran anknüpfende Untersuchungen von Kellogg (1958), Norris u. Prescott (1961), Evans u. Powell (1967) und inzwischen kaum noch zählbarer weiterer Forscher die Bestätigung: Delphine (u. a. Zahnwale) vermögen Unterwasserobjekte zu lokalisieren, indem sie diesen spezielle Ortungstöne entgegensenden und die zurückkehrenden Echos auffangen bzw. auswerten (Abb. 23).

***

[9] *Sound Navigation and Ranging* = mittels Schall(wellen) steuern und pfadfinden.

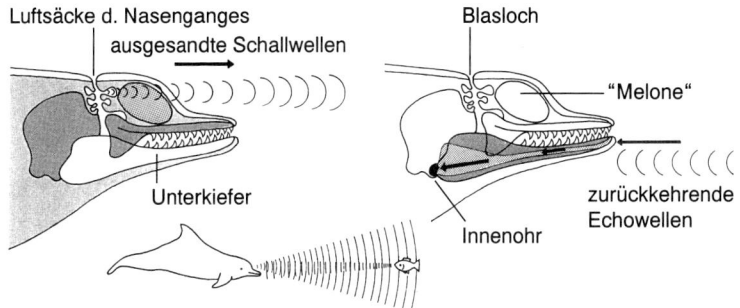

Abb. 23. Schema der Echoortung des Delphins. Die in den Luft-säcken des Nasenganges erzeugten Ortungstöne passieren die »Melone« als nach vorn gerichtetes schmales Bündel. Die vom »Ziel« zurückkehrenden Echowellen gelangen durch einen ölgefil-terten Längskanal des Unterkiefers zum Innenohr.

Viele hochfrequente Delphintöne liegen im für uns unhörbaren Ultraschallbereich, da das menschliche Hör-vermögen bei Tonhöhen von ca. 20 000 Hz, das der Del-phine jedoch erst bei ca. 280 000 Hz endet. Sie werden im unterhalb des Blasloches gelegenen Nasensacksystem produziert und liefern ein bemerkenswert detailgenaues »Echobild«. Während die in unserer Technik zum Ver-messen des Meeresbodens oder zum Auffinden von Wracks usw. üblichen Echogeräte auf *einer* Frequenz zu arbeiten pflegen, können Delphine ihre Objekte mit meh-reren Klangwellenlängen »abtasten«, d. h. unterschiedli-che Ortungstöne aussenden und entsprechend vielfältige Schallreflektionen empfangen. Nicht mit den z. T. gellend lauten Pfeif-, Quietsch- und Schnatterlauten zu verwech-seln, die über Wasser von den »Lippen« des Blaslochs ge-formt und zur akustischen Kontaktpflege benutzt wer-den, müssen die im Kopfinneren erzeugten Ortungstöne für uns über Hydrophone, Frequenzreduktion und Ver-stärker vernehmbar gemacht werden. In der Hauptsache stellen sie sich dann als eine Art Knarren oder Rattern, also Ketten etwa gleichförmiger Geräusche dar, die von gelegentlichen kurzen »Klicks«, d. h. hochfrequenten Tonspitzen unterbrochen sein können. Die bioakustische Wissenschaft zeichnet die Lauterzeugungen meist in Form von Spektrogrammen, also elektronischen Klangbildern auf, an deren scheinbar abstrakten Kurven das geschulte Auge gleichwohl bestimmte Individuen, ja sogar »Dialekte« zu erkennen vermag.

Obwohl die Außenöffnung des Ohres winzig klein, mitunter kaum zu finden, bei Bartenwalen noch dazu durch einen u. U. meterlangen Wachspfropfen abgeschlossen ist, besitzt der Gehörsinn der Cetacea fraglos große Bedeutung. Schon die kräftige Ausbildung des Nervus-acusticus-Paares spricht dafür, zudem gelangen wichtige Schallreize bzw. »Echos« wohl gar nicht durch den Gehörgang, sondern über ölgefüllte Hohlräume des Unterkiefers, durch Auftreffen auf den Gaumenbereich oder womöglich gar über die Zähne zum (Innen-)Ohr, d. h. zu den isoliert im Schädelinnern gelegenen, kompakten Ohrknochen. Da einige waltypische Lebensumstände und -räume, z. B. die Notwendigkeit, sich in trüben, verschlammten Gewässern, in der Finsternis großer Tiefen, tropischer Nächte oder arktischer Winter zurechtzufinden, mit allein optischer Orientierung nicht zu bewältigen sind, erschien das von McBride postulierte Sonar geradezu zwangsläufig. Als leistungsfähiges, akustisches Ortungsverfahren seitdem vielfach bestätigt, darf es jedoch nicht dazu verleiten, Wale generell als »Ohrentiere« zu bezeichnen. Die Hochfrequenzechopeilung der Zahnwale ist ein *Hilfsmittel,* ein Ersatz, eine Ergänzung, ein »akustischer Taststock« für jene nicht allzu zahlreichen Fälle, in denen Sehen aus physikalischen bzw. physiologischen Gründen eingeschränkt oder unmöglich wird. Entgegen einer verbreiteten Vorstellung

50

ist das Hilfsmittel Sonar keineswegs Ausdruck besonderer Organisationshöhe oder »Intelligenz«: Für die von primitiven Insektenfressern abstammenden Fledermäuse – Gehirngewicht einiger Arten weniger als 1 Gramm – wurde bereits 1793 vermutet und 1938 bewiesen, daß sie ihre Beute (Nachtschmetterlinge) mittels Schallortung bzw. Ultraschallechos erjagen.

Ein weiterer ähnlich verbreiteter genereller Irrtum besteht in der Annahme, daß Delphine nicht nur pausenlos überall, sondern in sämtliche Richtungen rundum-orten. Dies ist ein wahrscheinlich auf die permanent kreisenden Radargeräte der Schiffsbrücken oder Flugplatztower zurückgehendes, mit biologischer Realität jedoch unvereinbares Bild: Nicht nur, daß der Delphin seine energiezehrenden Ortungstöne allein dann einsetzt, wenn er sie braucht, er setzt sie auch nur dort ein, *wo* er sie braucht bzw. brauchen könnte. Hydrophone, die man neben einer Gruppe der akustisch besonders gründlich untersuchten Schwertwale der Johnston-Street/B.C. plaziert, registrieren selbst während des Getümmels langwährender, temperamentvoller Lachsverfolgungen keinen einzigen Ortungston, da sie lieber optisch jagen, wenn es die Sichtverhältnisse erlauben. In klargefilterten Delphinarien verzichten selbst kleinäugige Flußdelphine (Inia) alsbald weitgehend auf jene akustische Orientierung, auf welche sie im schlammigen Orinoko angewiesen sind.

Alle bei Delphinen bisher ermittelten Ortungssuchbereiche haben die Form eines mehr oder weniger schlanken Kegels, dessen Spitze der Stirn, der »Melone«, jedenfalls dem Kopf entspringt. Ob, wo und wie die Ultraschallwellen dieses Suchkegels fokussiert werden, ist noch umstritten; auch andere Grundsatzfragen scheinen nach wie vor nicht einvernehmlich geklärt: Wo und wie werden die Ortungstöne eigentlich produziert? Im (stimmbandlosen) Kehlkopf oder in den (dudelsackähnlichen) Nasensäcken? Wo und wie werden ihre Echos eigentlich aufgefangen? Am Unterkiefer, in der Gaumenhöhle? Andere Testergebnisse sind detaillierter: »Echoortende Delphine operieren über mehr als 100-m-Distanzen, können bei Metallkugeln Durchmesserdifferenzen von 1 mm erkennen, frischen von weniger frischem Futterfisch per Akustik unterscheiden«.

Daß Delphine nicht »wie mit der Gießkanne« echoorten, steht immerhin fest, daß daher zwischen den Felswänden eines Fjordes oder den Glasscheiben eines Bassins für sie keine akustischen Irritationen entstehen, ebenfalls. – Daß Bartenwale ohne »echolocation« auskommen, verdient Beachtung; aber es gibt auch Hausfrauen, die hören können, ob das in eine Schüssel fließende Wasser heiß oder kalt ist.

▦ Sehen

Der Sehnerv mancher Wale steht dem Hörnerv an Mächtigkeit wenig nach, auch die Augen vieler Arten sind recht groß. Wo die relativ dicke Netzhaut außer sog. Stäbchen auch »Zapfen« enthält, ist neben der Unterscheidung von Hell und Dunkel das Erkennen von (welchen?) Farben anzunehmen. Während die Meerestiefe nahe der Finsternis nur Blautöne aufweist, wäre ein Farbsehvermögen in den oberen Wasserschichten durchaus von Belang, also in jenem Bereich, in dem die meisten Wale die meiste Zeit zubringen.

Einer bekannten Schemadarstellung Slijpers (1958) nach bewirkt die im Vergleich zum menschlichen Auge starke Wölbung der Wallinse (Abb. 24), daß die Tiere *im* Wasser, d. h. in ihrem normalen Lebensraum, scharf sehen, an der Luft dagegen »kurzsichtig« sind. (Der

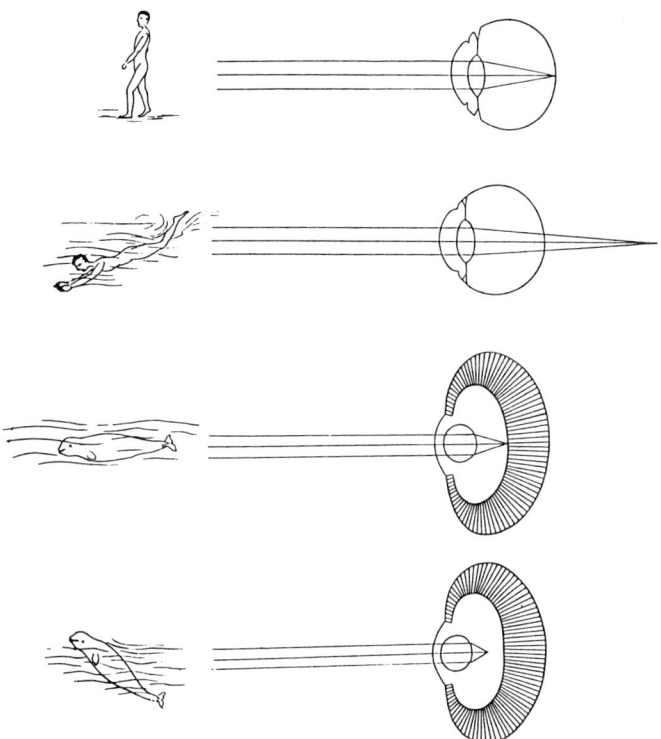

Abb. 24. Durch unterschiedliche Linsenkrümmung bei Men-
schen- *(oben)* und Walauge *(unten)* entsteht das für die Netzhaut
scharfe Bild über oder unter Wasser.

Mensch ist an der Luft scharf-, im Wasser weitsichtig.)
Trotzdem wird der Gesichtssinn fast aller Walarten
auch *über* Wasser fleißig benutzt, vom »neugierigen«
Aus-dem-Wasser-Herauslugen küsten- oder ozeanarien-
bewohnender Arten bis zur Verhaltensweise des »Spy
hopping«: Wandernde Schwert-, Grau-, Buckel- u. a.
Wale schnellen sich empor, um nach Landmarken aus-
zuspähen, wenn sie unter Wasser bzw. akustisch nicht
mehr weiterfinden.

Interessante Vergleiche optischer bzw. akustischer Rezeptionsqualitäten verspricht eine Versuchsserie, die im Duisburger Walarium läuft: Die dortigen Beluga-Wale werden trainiert, aus einer Sammlung ähnlicher Metallkörper bestimmte Testobjekte nach Augenschein auszuwählen und per Sonaridentifizierung wiederzufinden und umgekehrt, wobei die optische Orientierung zeitweilig durch eine Blinde-Kuh-Gummibrille unterbunden und zudem ein Spezialbereich des Kurzzeitgedächtnisses untersucht wird: Wie lange kann sich der Wal »merken«, was er gesehen oder was er (echo-)»gehört« hat? (Schmidt, Kamminga 1993).

6 Gehirn – Intelligenz – Kommunikation

Gehirn

Ein Großteil der bereits erwähnten Sinne, Sinnesleistungen und Sinnesnerven hat seine Zentrale im Kopf, im *Gehirn*. Als Schalt-, Steuer- und Koordinationsorgan ist es zugleich die Basis für Lern- und Kommunikationsvorgänge, Stimmungen sowie »Intelligenz«.

Der durch Einrichtung unserer Ozeanarien ebenso spät wie tiefgreifend erfolgte Betrachtungs- bzw. Bewertungswandel betreffs einer Tierordnung, die bis dahin

- allenfalls als Rohstoffquelle von Belang schien;
- die Möglichkeit, Wale statt angespülter oder harpunierter Kadaver plötzlich als Lebewesen kennenzulernen,
- Delphinen nicht nur als Schatten am Schiffsbug, sondern auf Du-zu-Du-Distanz zu begegnen

hat das Pendel vom »dummen Trantier« dann manchmal zu euphorisch zum »Intelligenzler des Meeres« ausschlagen und Vorstellungen betreffend der Kompetenz oder Hirnkapazität entstehen lassen, die nicht der Realität entsprechen. Zu Fehl- und Überschätzungen hat in diesem Zusammenhang nicht unwesentlich beigetragen, daß die Möglichkeiten der neuen Delphinarien zunächst gar nicht so sehr von studierten Zoologen als von Psychiatern, Nervenärzten oder Militärtechnikern genutzt wurden. Einem Tiergärtner, der tagtäglich mit Gorillas und Raben, Robben und Wölfen zu tun hat, wäre gar nicht der Gedanke an »suprahominide« Fähigkeiten gekommen, als Tümmler Quietschlaute ausstießen oder zu dritt über ein Seil sprangen. Nichtbiologen konnten aufgrund solcher »Raum-Zeit-Beherrschung« oder »interspezifischer Kommunikationsversuche« jedoch schon in Begeisterung geraten.

Das Gehirn der Wale entspricht hinsichtlich Feinaufbau und Dichte der Nervenzellen etwa den Verhältnissen beim Elefanten, die Rindenfaltung erinnert an die bei Paarhufern. Je kleiner ein Säugerhirn, desto kompakter ist in der Regel der »Verstand«: Die grauen Zellen einer Maus sind etwa 20mal enger gestapelt als die des Finnwales.

Das Gehirn des Pottwales ist mit ca. 9 kg das schwerste bzw. größte des Tierreiches, doch kommt es auf den Mengenbezug zur Körpermasse an, 40 t in diesem Falle. Beim Blauwal müssen 6000 g Hirn, vielleicht sogar nur 2200 g Kleinhirn[10] 100 000 kg Gewicht manövrieren. Für den Großen Tümmler stellen sich diese Relationen zwar schon deutlich anders dar: 1,7 kg Gehirn zu 150 kg Körpergewicht – vom Verhältnis beim Menschen 1,6 zu 75 kg bleiben auch sie aber weit entfernt. Darwin hatte bereits vermerkt, daß »Intelligenz« nicht nach Kubikzentimetern zu messen sei (Abb. 25).

---

[10] Basal-nackenwärts gelegenes zerebrales Koordinationszentrum vieler Körperbewegungen und Gleichgewichtsreaktionen, das bei Walen besonders kräftig – bis zu fast 1/3 des Gesamthirnes – entwickelt ist.

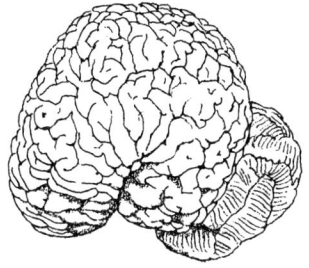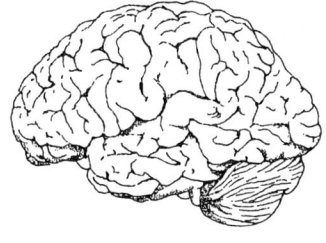

Abb. 25. »Ansehen« läßt sich (*links* Delphin-, *rechts* Menschengehirn) »Intelligenz« von außen nicht!

Das im Vergleich zur Körpergröße mächtigste Säugerhirn besitzt z. B. der urtümlich-primitive, eierlegende Ameisenigel.

Am unvergleichlich höheren Zephalisationsgrad[11] der Delphine besteht selbstverständlich kein Zweifel. Jeder Anatom, Neurologe oder Pathologe, der erstmals der Schädelsektion eines Zahnwales beiwohnt, ist von Struktur und Umfang des sich ihm darbietenden »Denkapparates« beeindruckt. Aber handelt es sich hier um einen »Denkapparat«? Was letztlich vollbringt der Delphin damit? Kommen im gleichen Lebensraum und bei z. T. sehr ähnlicher Lebensweise Fische nicht mit einem Viertelfingerhut Neuronen aus?

Die Vorstellung, daß das imponierende Tümmlergehirn imponierende Fähigkeiten besitzen müßte, scheint zeitweilig fast zwanghaft geworden, fast immer jedoch in falsche Richtungen gegangen zu sein: Keine einzige ernsthafte Untersuchung hat jemals Visionen untermauert, welche die »Gedankenwelt« der Wale mit Religion,

---

[11] »Kopfbildung«; in der Entwicklungsgeschichte einzelner Tiergruppen zu unterschiedlicher Vollkommenheit bzw. Kompliziertheit verwirklicht.

Philosophie und der Lehre vom »Goldenen Schnitt« in Zusammenhang zu bringen trachteten. Es gibt in der Tat »keinen Beweis und keinen Grund für die Annahme, daß sich Wale hinsichtlich Sozialstruktur, Intelligenz usw. von anderen Säugern wesentlich unterscheiden und womöglich die Ebene Menschenaffe–Mensch erreichen oder gar übertreffen« (Gaskin 1982). Kein Showdelphin zeigt mit Fertigkeiten wie z. B. Durch-den-Reifen-Springen, Lautgeben, Ballapportieren usw., Dinge, die ein Hund in seiner Weise und seiner Umgebung nicht ebenso könnte; dafür bejubelt jedoch wird fast nur der Delphin, da wir im Wal zumindest unterbewußt noch immer den Wal*fisch*, das Trantier sehen.

Die Frage, ob der Delphin oder der Schimpanse »klüger« sei, verbietet sich aus der Unterschiedlichkeit von Ausgangslage, Lebensraum und Lebensweise: Einseitig spezialisierte Meeresbewohner mit Echopeilung und unspezialisierte, allesfressende Land-Baum-Bewohner mit Greifhand lassen sich nicht miteinander vergleichen. Bei Tests im gleichen Milieu war die Lernfähigkeit von Seelöwen der von Delphinen deutlich überlegen. Viele Delphine leben nicht anders als Thunfische bzw. sogar mit Thunfischen zusammen; Massenstrandungen sind nicht rätselhaft (s. S. 126), sondern alltäglich; immer wieder lassen sich Pilotwale in immer gleichen Färöer-Buchten massakrieren; Tümmler retten tote Haie, Zoo-Belugas fressen Plastik – noch vielerlei wäre zu nennen, das unseren Vorstellungen von »Intelligenz« wenig entspricht. Wir müssen Delphine als Delphine sehen: Vortrefflich angepaßte Wassersäuger, deren hohe Spezialisation zugleich aber eine sehr enge ist; lebende Torpedos, deren ideale Stromlinienform mit dem Fehlen von Beinen, Greifhänden, Mimik und bipolarem Sehen erkauft wurde; Bewohner einer uns weitgehend unzugänglichen Tiefenwelt, in der Geräusche, Gerüche und

Farben uns fremde Stellenwerte haben; Geschöpfe, die »mit den Ohren sehen« und »durch die Nase sprechen«, ohne Lauscher und ohne Stimmbänder zu besitzen. Außergewöhnliche Tiere, doch keine Beinahemenschen.

Kommunikation

Besonders verbreitete Fehleinschätzungen betreffen den Bereich der *Kommunikation,* zumal den der akustischen; nach der bereits behandelten Lauterzeugung und -wahrnehmung zur Echoortung (s. S. 49) geht es um Tonsignale innerartlichen Kontaktes, die wie Quieken, Grunzen, Blöken, Zwitschern u. ä. m. großenteils innerhalb des menschlichen Hörbereiches liegen.

Wenn man getaucht innerhalb einer Delphinschule schwimmt, hört man die Tiere fast beständig vor sich hin wispern, ein vermutlich der Stimmfühlung des Herdenverbandes dienendes leises Piepsen, das an Bettellaute junger Nesthocker erinnert. Meerschweinchenartig kräftiger sind die Pfeiftöne einer Grind- oder Schwertwalgruppe, die berühmten Gesänge des Buckelwales gelten sogar als die lautesten, längsten (bis zu 20 min) und abwechslungsreichsten des Tierreichs. Finnwale könnten (theoretisch) über die ganze Breite des Pazifik miteinander kommunizieren; doch die Fähigkeit, Töne oder Informationen weiterzugeben, ist kein Maßstab für »Intelligenz«.

Bemerkenswerterweise sind es weniger diese unter Wasser im Kopfinneren (Nasensacksystem?) erzeugten Töne als das vom Blasloch modulierte, nennenswert erst oder nur unter Delphinariumsbedingungen möglich bzw. üblich werdende Überwassergeplapper, -gekreische oder -geknarre, das Spekulationen über eine »Delphinsprache«, »Walwörterbuch« und Kommunikation mit

»außerhominider Intelligenz« entstehen ließ. Ob man sich mit Delphinen englisch oder altgriechisch zu »unterhalten« habe, klingt wie ein Witz, ist aber der noch nicht einmal 30 Jahre alte Vorspann der Frage, ob man Delphine überhaupt halten dürfe.

Selbstverständlich verfügt der Delphin – wie unzählige andere Tiere – über eine Auswahl an Lauten (und Gesten), die eine bestimmte Bedeutung haben und auf die Artgenossen in bestimmter Weise reagieren. Vom besonders gründlich untersuchten Großtümmler oder Flipper sind bereits viele Dutzend akustischer Signaltypen, von den Schwertwalen Britisch-Kolumbiens sogar unterschiedliche *Dialekte* (Bigg et al. 1987) registriert worden. Auch Goldhamster, Haushuhn und andere Tiere haben jedoch Warn-, Droh- und Schrecklaute, Bettel- und Beschwichtigungstöne, Balz- und Notrufe, ohne daß für diese eine »Sprachschule« gefordert wurde. »Dialekte« kennt die Wissenschaft auch von kleinen Singvögeln.

Wie andere Tiere verfügen Wale über *verschiedene* Ausdrucksmöglichkeiten, um speziellen Situationen zu entsprechen. Wenn ein Tümmler mit den Kiefern klappert, ein Beluga die »Melone« nach vorn stülpt, heißt das »Bleib mir vom Leibe!«. Wenn ein Südkaper seinen 15-Tonnen-Rumpf krachend aufs Wasser platschen läßt, verkündet er: »Hallo, hier bin ich!« Das weiße Kinndreieck der Jacobitas – aus dem Wasser gestreckt – bedeutet »Partnerwahl!»; wenn ein Pilotwal auf Strand läuft, einen Dögling (Entenwal) die Harpune trifft, wird »SOS« gesendet. Noch viele weitere Signale mag es – von »Hilfe: Haifisch!« bis »Heringe reichlich« – geben, viele davon akustisch-»stimmlicher« Natur. In bzw. aus einer aktuellen Situation entstandene Signale sind u. U. durchaus von Informationswert, doch eben nur von aktuellem Informationswert. »Spricht« der vom Fuchs gepackte

Hase, wenn er die »Hasenklage« anstimmt? »Spricht« der hungrige Säugling, der nach Milch schreit? Warum ausgerechnet sollten Wale – mit uns Menschen gar – »sprechen« wollen?

Sprache – mit ein wenig Satzbau und Grammatik womöglich – ist die Fähigkeit zum Ausdrücken nichtsituationsbezogener Bewußtseinsinhalte und geht über augenblicksbedingtes »Auweh!« oder »Hierher!« entscheidend hinaus. Nicht »Sprache« in gedachter Paranthese – Zeichensprache, Flaggensprache, Körpersprache usw.[12] – ist gemeint, vom papageienmäßigen Nachahmen unverstandener Lautfolgen zu schweigen. Ein sprechender Wal müßte erläutern können, wo er gestern war und wo er morgen hin will, dies tut er nicht. Lilly (1967) hat sie zu Geschöpfen »von vielleicht wirklich gottähnlichen Fähigkeiten« deklarieren wollen, doch ein aus 1000 m tiefer Finsternis zurückkehrender Pottwal hat nichts zu »erzählen«.

Um so beeindruckender ist die Realität waltypischer Kommunikationsmöglichkeiten. Die erwähnten Buckelwalgesänge z. B. erlauben Stimmkontakte – Verbandszusammenhalt, Partnerwahl u. ä. m. – über Distanzen von mehr als 100 Seemeilen. Das auch für die Echoortung bedeutsame Phänomen, daß sich Schallwellen im Wasser wesentlich weiter und 5mal schneller fortpflanzen als in der Luft, läßt durchaus denkbar erscheinen, daß sämtliche Buckelwale des NO-Atlantik ein und derselben, miteinander kommunizierenden Population angehören; eine unter anderem dadurch gestützte Annahme, daß es bei den Buckelwalen gruppentypische Dialekte, ja sogar wechselnde »Moden« der Lautäuße-

---

[12] In diesem Sinn hat auch Karl von Frisch in seinem berühmten Buch *Die Sprache der Bienen* den Begriff der »Sprache« gebraucht.

rungen gibt (Payne u. McVay 1971; Payne u. Webb 1971). Wer – ob nur Männchen – und warum sie eigentlich singen, ist noch nicht ganz geklärt; was ein nur 8 km/h schneller Bartenwal davon »hätte«, mit einem 200 km entfernten Artgenossen stimmlich Kontakt aufzunehmen, ebenfalls nicht. Ob die langen »Tiraden« überhaupt einen speziellen Informationswert haben, ist keineswegs erwiesen; gegenüber der Suche nach einem »Walwörterbuch« oder einer »Flipperbefreiung« zählen Fragen wie diese gewiß zu den wichtigeren Themen aktueller Cetologie.

Während sich die innerartliche Kommunikation einiger Walarten über halbe Breitengrade erstrecken kann, erfolgen evtl. Kontakte zum Menschen unter geringer Distanz und ganz anderen Aspekten (Abb. 26). Da der Mensch in der natürlichen Umwelt der Wale, im Meer, ursprünglich nicht vorkommt, scheinen ihm gegenüber wenig ursprüngliche Verhaltensmuster wie »Feindschema«, »Fluchtdistanz«, »Beuteappetenz« u. ä. entwickelt zu sein: Selbst in Gebieten bzw. Zeiten intensiven Walfangens bleiben die meisten Tiere indifferent, ja »vertrauensselig-freundlich«. Beispiele, in denen umgekehrt Menschen in delphininterne Verhaltensweisen eingefügt werden, sind seit der Antike überliefert und durch moderne Agenturberichte bestätigt worden: Ähnlich, wie Delphinmütter ihr Junges manchmal auf den Rücken, Walschulen einen angeschlagenen Herdengenossen in die Mitte nehmen, können Meeressäuger offenbar auch Schulkindern helfen, Ertrinkende retten oder Schiffbrüchige an Land bringen. Schon Odysseus' Sohn Telemachos z. B. soll, noch schwimmunkundig ins Wasser gefallen, sein Leben einem Delphin verdanken, dessen Abbild daraufhin auf Schild und Siegelring des Vaters eingraviert wurde. In den Berichten Plutarchs, Herodots oder Plinius' werden sich gelegentlich Dichtung und

a

b

Abb. 26 a, b. Die Kontaktbereitschaft zum Menschen ist (»Knabe auf dem Delphin«) seit dem Altertum bekannt (**a**) und keineswegs auf Tümmler und Kinder beschränkt (**b**).

Wahrheit gemischt haben wie bei der »Fluchthilfe« für den vor Kap Tainaron (Peleponnes) über Bord gegangenen Sänger Arion, bei den reiterlichen Schwimmspielen nahe Jasos mit Dionysos oder mit ganzen Kinderscharen in der Bucht von Bizerta (Tunesien), beim beinahe »marinen Schulbusservice«, den Delphine im Golf von Neapel für Fischerknaben unterhielten. Sie sollten jedoch nicht mit Alfred Brehm als »Märchen ohne jede wissenschaftliche Begründung« abgetan werden, dazu sind fast gleichlautende »antike Delphinfabeln« aus zu verschiedenen Kulturkreisen überliefert und inzwischen zu eindeutig durch über dem Pazifik abgeschossene Flugzeugbesatzungen, »boat people« gekenterter Karibikschiffe oder Badegäste neuseeländischer oder australischer Strände erlebt worden. Daß der Spiel- oder Rettungstrieb Delphine einen Menschen gelegentlich auch in die falsche Richtung, nämlich auf die offene See hinaustragen lassen könnte, ist ebenfalls vorstellbar, verständlicherweise aber nicht nachgewiesen (Barthelmess u. Münzing 1991).

Was die moderne Ethologie zu abstrahiert »Beißhemmung« nennt, hat Plutarch zu verklärt gesehen: »einige Tiere meiden den Menschen, und andere, die sich ihm – wie z. B. Hund, Pferd oder Elefant – nähern, zeigen sich ihm gegenüber nur deswegen sanftmütig, weil er sie füttert. Dem Delphin hingegen hat die Natur als einzigem jene Gabe verliehen, nach der die größten Philosophen streben – die uneigennützige Freundschaft. Er bedarf keines einzigen Menschen und ist dennoch der großmütige Freund von allen und hat schon vielen geholfen.« Es gilt zwischen diesen Extremen die biologische Realität zu finden, zu der z. B. gehört, daß delphinische »Hilfe« für die Netzfischer von Port Said, vor den Küsten Mauretaniens oder Queenslands (s. S. 88) alles andere als »uneigennützig« erfolgt; daß dem »Retten«

Schiffbrüchiger Verhaltenskomponenten der Fortpflanzungsbiologie, des Sozialkontaktes und des Spieles (s. S. 113), daß den Intimitäten mit Badegästen sexuelle Motive zugrunde liegen können, ohne daß das Verhältnis Mensch – Delphin dadurch an Faszination verliert.

Zur »akustischen Kommunikation« gehört die positive Reizwirkung, die für viele Delphine von Schiffsschraubengeräuschen ausgeht. Entgegen durchaus plausiblen Vorstellungen, wonach Motorbootverkehr, Ölbohrbetrieb u. ä. eine Art »akustischer Dauerstreß« für das Delphingehör bedeuten und die Tiere aus stark befahrenen bzw. bewirtschafteten Seegebieten vertreiben müßte, werden bugwellenreitende Arten durch Schraubenlärm angelockt. Ein historischer Fall war z. B. ein Pelorus Jack benannter Rissodelphin Anfang unseres Jahrhunderts, der jahrelang fast täglich die Fährdienstschiffe des Pelorus-Sundes (Cook-Straße/Neuseeland) begleitete; ähnliche Beobachtungen sind in verschiedenen Meeresregionen möglich. Für den Jacobita-Delphin haben sich die Töne von Außenbordmotoren als gezielt einsetzbares Lockmittel erwiesen (Gewalt 1986, 1991), umgekehrt können bestimmte Unterwassergeräusche Flucht oder Panikreaktionen auslösen: Die Marquesa-Insulaner (Polynesien) erzeugen durch Aneinanderschlagen kokosnußgroßer Kiesel eine Art »Treiberlärm«, um die verwirrten Tiere an vorbereitete Fangplätze zu dirigieren.

Besonders enge, vielfältige, kontrollierbare Formen der Kommunikation ergab die Einrichtung der Delphinarien, in denen Wissenschaftler oder Trainer manchmal über Jahrzehnte hautnah mit denselben Individuen zu tun haben. Da die Grenze zwischen Wasser- und Luftraum keine Trennlinie delphinischer Wahrnehmungsmöglichkeiten bedeutet (im Gegensatz zum tauchenden Menschen sehen oder hören getauchte Delphine auch Überwassersignale problemlos), zeigen fast alle

a

b

c

Abb. 27 a–c. Den »energetischen Luxus« von Luftsprüngen können sich Wale vom 40 kg leichten Jacobita (**a**) über den weiblichen Schwertwal (ca. 5000 kg, **b**) bis zum 50 t schweren Südkaper (**c**) leisten.

untersuchten Arten gute bis sehr gute Lernfähigkeit und -bereitschaft. In Dressurshows halten Großtümmler mehrere Dutzend akustische und/oder optische Signale (»Kommandos«) auseinander, ohne daß das »Programm« in starrer Reihenfolge ablaufen müßte, jedoch auch ohne entscheidenden Unterschied zu fortgeschrittener Hunde- oder Elefantenabrichtung.

Das Delphintypische der Lernbereitschaft liegt in ihrer Verbindung mit einer noch größeren *Spielbereitschaft*. Spiel als *Bewegungsspiel* ist im Säugerreich weit verbreitet, bei Landtieren jedoch aufs Jugendalter beschränkt: Neugeborene Böckchen, keine ausgewachsenen Böcke zeigen »Bocksprünge«, junge Kätzchen balgen sich um ein Wollknäuel, das adulte Katzen nicht (mehr) beachten. Tümmler tummeln (daher der Name) sich dagegen bis ins Alter, da ihnen das Wasser bzw. das Prinzip des Archimedes einen Großteil ihrer Körperlast abnimmt. »Das gewichtsmäßig leichtere Leben im Wasser setzt Reserven des sonst der Jugend vorbehaltenen Luxus des Umhertollens frei« (Gewalt 1985), und zwar nicht nur bei Walen. Geschlechtsreife Robbenbullen voltigieren in der Brandung, Fischotter apportieren Treibholz usw. Der in tropischen Meeren verbreitete Spinnerdelphin (Stenella longirostris) verdankt seinen Namen der Spezialität, sich bei Hochsprüngen mehrmals um die Längsachse zu drehen; allgemeiner verbreitete, bei Landtieren gleichwohl undenkbare Luxusbewegungen kommen als »leaping«, »breaching« oder mehr oder weniger vollständige »Saltos« bis zu den großen Bartenwalen vor (Abb. 27).

Tümmler tummeln sich »gern«, lernen »leicht« und kommunizieren willig. Neuzugänge in Delphinarien versuchen ohne Abrichtung oder Belohnung, im Dressurprogramm mitzuwirken.

7 Familien– Gattungen – Arten

Allgemeine Systematik

»Der« Wal, »die« Delphine ist eine zeitsparende, aber eigentlich unzulässige Vereinfachung, denn insgesamt geht es um mehr als 80 z. T. grundverschiedene Typen. Die »zoologische Systematik«, die das Tierreich nach verwandtschaftlichen Merkmalen kategorisiert, hat die Klasse »Säuger« in 19 »Ordnungen« – Raubtiere, Nagetiere, Fledertiere usw. – unterteilt. Eine dieser Ordnungen sind die »Waltiere« (Cetacea).

Schon auf S. 12 wurde erwähnt, daß sich die Ordnung in 2 nach Art der Nahrungsaufnahme und -»aufnahmeapparatur« verschiedene Unterordnungen gliedert: in die Zahnwale (Odontoceti) und in die Bartenwale (Mysticeti).

Der mit dem Wort »Wal« üblicherweise verbundenen Vorstellung von etwas Monströs-Riesenhaftem werden bei näherem Zusehen knapp 2 Handvoll Arten gerecht – mit Ausnahme des Pottwales sämtlich den Bartenwalen zugehörig, die mit weniger als einem Dutzend Arten (Grönlandwal, Nord- und Südkaper, Zwergkaper, Grauwal, Blauwal, Finnwal, Seiwal, Brydewal, Zwergwal, Buckelwal) kaum 1/8 der Vielfalt der Waltiere repräsentieren, jahrhundertelang aber 9/10 des Walfangs ausmachten. Die Hauptmasse der Ordnung wird – ca. 70 von ca. 80 Arten – von den Zahnwalen gestellt, unter denen der sog. Schweinswal (Phocoena) nur um 40 kg wiegt und 25 ähnliche Delphin- bzw. Tümmelarten gleichfalls nicht eben »monströs« wirken (Abb. 28 s. S. 70 und 71).

Ordnungen oder Unterordnungen werden von der Systematik in Familien, Familien in Gattungen, Gattungen in Arten aufgegliedert. Für besonders gründlich untersuchte Formen hat die Feinsystematik inzwischen sogar noch Unterarten = geographische Rassen definieren können, die entscheidende Grundkategorie indes bleibt die Art (Species). Der wissenschaftliche Name des nordatlantischen Weißschnauzendelphins ist Lagenorhynchus albirostris Gray 1846. »Albirostris« ist der Artname (lat. albus = weiß, rostrum = Schnabel), »Lagenorhynchus« der Gattungsname (griech. lagenos = Flasche, rhynchus = Schnabel), d. h. übersetzt etwa »Weißschnäbliger Flaschenschnabel«. Zu der Gattung Lagenorhynchus = Flaschenschnabel- oder Flaschennasendelphine gehören (meist) mehrere Arten, neben dem weißschnauzigen Lagenorhynchus albirostris z. B. noch ein Lagenorhynchus acutus (lat. acutus = spitz), der eine besonders spitze Rückenfinne besitzt, ein Lagenorhynchus obliquidens (lat. obliquus = schräg; dens = Zahn), dessen Zähne spitzwinklig stehen, ein besonders dunkel gefärbter Lagenorhynchus obscurus (lat. obscurus = düster) und noch weitere mehr. Gray ist der Name des Wissenschaftlers, der die Art »Weißschnauzendelphin« erstmals beschrieben hat, 1846 ist das Jahr, in dem die Erstbeschreibung veröffentlicht wurde.

Neben den »Flaschenschnäbeln« der Gattung Lagenorhynchus gibt es z. B. noch 4 bis 5 Arten »Kopfschnäbel« einer Gattung Cephalorhynchus (griech. cephalos = Kopf), eine mindestens ebenso artenstarke

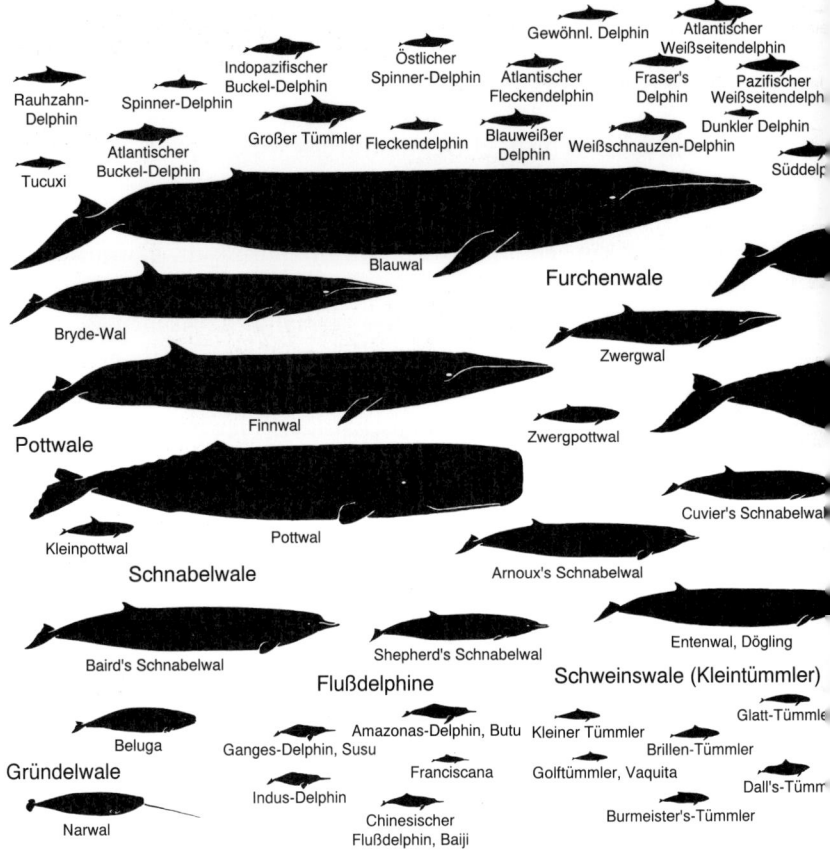

»Dünnschnabelgattung« Stenella (griech. stenos = schmal, dünn), es gibt die rückenfinnenlosen »Glattdelphine« der Gattung Lissodelphis (griech. lissos = glatt) und noch 2 bis 3 weitere, ähnliche Gattungen mehr, die dann – allesamt flink, bezahnt und um 40–200 kg schwer – zur Familie Delphinidae (= »Delphinartige«) zusammengefaßt werden.

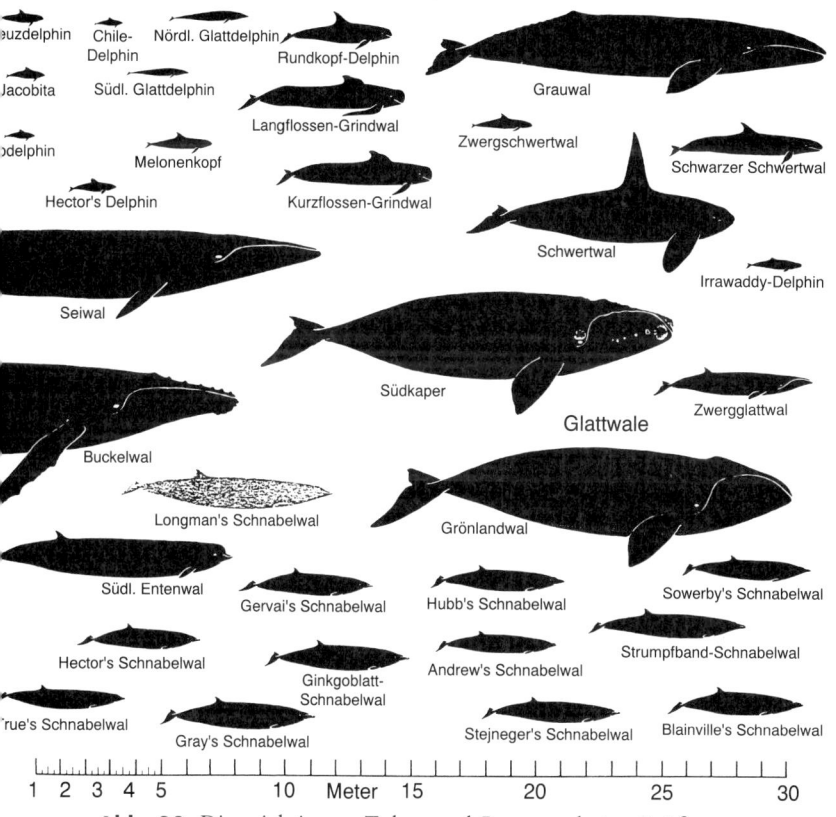

Labels within the figure:

euzdelphin Chile-Delphin Nördl. Glattdelphin
Jacobita Südl. Glattdelphin Rundkopf-Delphin
Langflossen-Grindwal Grauwal
odelphin Melonenkopf Zwergschwertwal
Hector's Delphin Kurzflossen-Grindwal Schwarzer Schwertwal
Seiwal Schwertwal
Irrawaddy-Delphin
Südkaper Zwergglattwal
Glattwale
Buckelwal
Longman's Schnabelwal Grönlandwal
Südl. Entenwal Sowerby's Schnabelwal
Gervai's Schnabelwal Hubb's Schnabelwal
Hector's Schnabelwal Strumpfband-Schnabelwal
Ginkgoblatt-Schnabelwal Andrew's Schnabelwal
rue's Schnabelwal Stejneger's Schnabelwal Blainville's Schnabelwal
Gray's Schnabelwal

1 2 3 4 5   10 Meter 15   20   25   30

Abb. 28. Die wichtigsten Zahn- und Bartenwale im Größenver-
gleich.

Zahnwale

Tümmler

Nur 3 Gattungen mit insgesamt 6 Arten bilden die
Familie Phocoenidae (= »Tümmlerartige«), deren engli-
scher Name »Porpoises« sich vom Lateinischen porcus
piscus = Schweinsfisch herleitet; von daher verstehen

sich Bezeichnungen wie »Meerschwein«, »Marsouin, »Morska swinia« u. ä., die das kurzzöpfig-gedrungene Exterieur von Phocoena spinipinnis Burmeister 1865, Phocoena dioptrica Philippi 1893 oder Phocoena sinus McFarland & Norris 1958 durchaus passend kennzeichnen. – Verwirrend ist, daß der Flipper-bekannte »Große Tümmler« (Tursiops truncatus Montagu 1814) nicht zu den Tümmlerartigen, sondern zu den Delphinartigen gehört, während der selten mehr als 50 kg erreichende »Kleine Tümmler« (Phocoena phocoena), der die Familienbezeichnung prägte, auch »Schweinswal« genannt wird.

Küstendelphine

Rauhzahn-, Buckelwal- und Brackwasserdelphine (Steno, Sousa, Sotalia) faßt die Familie Stenidae als »Küstendelphine« zusammen. Zur Familie Globicephalinae (lat. globus = Kugel), also »Rundköpfige«, gehören neben der wenig und erst spät bekannt gewordenen, nur 2,2–2,7 m langen Peponocephala electra Gray mehrere ziemlich große, populäre Arten: der durch Massenstrandungen und das alljährliche Färöer-Treiben oft erwähnte Grind- oder Pilotwal Globicephala melaena (6–8 m), der ähnliche, aber kürzere Vorderflossen tragende »Shortfin pilot whale« Globicephala macrorhynchus; der früher als »Killerwal« berüchtigte, heute als »Schwertwal« berühmte, wohlerforschte Ozeanarien- und Touristenliebling Orcinus orca (8 m) mit seinen 2 kleineren Anschlußformen Pseudorca crassidens (»Falscher« bzw. »Schwarzer Killerwal«) und Zwergschwertwal (Feresa attenuata). »Killerwale« sind eigentlich (nur) »groß geratene Delphine«, der Name »Schwertwal« bezieht sich auf die bei erwachsenen Orca-Bullen

Abb. 29. Die Formenvielfalt der Waltiere als Briefmarkenmotiv.

bis zu 1,8 m schmal und schwertförmig emporragende Rückenfinne. Wozu die Tiere diese Schwerter brauchen, ist schwer zu erklären, da andere Walarten desselben Lebensraumes und ähnlicher Lebensweise mit normal kleinen und sogar ohne Rückenfinne auskommen. – Für das sog. Whale watching (s. S. 74) und/oder das Identifizieren bestimmter Einzeltiere sind die über den Wasserspiegel hinausstehenden »Schwerter« freilich ein willkommenes Hilfsmittel (Abb. 29).

Gründelwale

Die deutlich abgegrenzte Familie Monodontidae (= Gründelwale) besteht aus nur 2 Gattungen mit nur je 1 Art, die jedoch 2 besonders signifikante und zudem die verbreitungsmäßig »nördlichsten» Waltiere repräsentieren. Der seit je als »Einhorn des Meeres« mystifizierte Narwal Monodon monocerus (griech. monos = ein/zig, dont = bezahnt, ceros = Horn) ist ein Zahnwal, dessen Weibchen *keine* Zähne, dessen Männchen dagegen einen einzigen, zu einer bis 2,7 m langen, spiralig gedrehten Stoßlanze verlängerten Eckzahn besitzt. Der in beiden Geschlechtern gleichmäßig normalbezahnte Weißwal Delhpinapterus leucas (griech. pterus = Flügel, a-pterus = flügellos; leucas = weiß; also etwa weißer flügelloser bzw. rückenfinnenloser Delphin) wird dunkelbraun bis schieferschwarz geboren, um sich innerhalb von 4–6 Jahren über das sog. Blue-Stadium in Reinweiß umzufärben. Nar- und Weißwal besiedeln arktisch-subarktische Gewässer unterhalb der Packeisgrenze, wobei das »Einhorn« innerhalb der 10 °C-Isotherme verbleibt, der »Beluga« regional auch etwas südlicher auftritt. Die Familienbezeichnung »Gründelwale« bezieht sich auf den Nahrungsanteil bodenbewohnender Fische, Krebse und Meereswürmer, die vom Meeresgrund aufgenommen werden.

Pottwale

Ein Kapitel für sich bleibt der wegen tauchphysiologischer Besonderheiten (s. S. 27) erwähnte Pottwal Physeter catodon (Körperlänge bis 18 m), dessen auf den schmalen Unterkiefer beschränkte, kuhhorn- bis bananenförmigen Zähne übrigens die größten des gesamten Tierreichs sind[13]. Zusammen mit 2 erst unzureichend bekannten anderen Formen, dem ca. 3 m langen Zwergpottwal Kogia breviceps und dem ähnlichen Kleinpottwal Kogia simus, gehört die Familie Physeteridae (= »Pottwalartige«) trotz ihrer Zähne wahrscheinlich in die Verwandtschaftsnähe der Furchenwale – Untersuchungen von Axel Meyer u. a. Molekulargenetikern deuten zumindest in diese Richtung.

Schnabelwale

Eine weit artenreichere (ca. 20), zugleich allerdings »schwierigere« Familie stellen die Ziphiidae (»Schnabelwale«) dar. Nach entwicklungsgeschichtlichen Kriterien werden die »Gänseschnäbel« (griech. xiphos = Schwert) an den Anfang der (Unter-)Ordnung Odontoceti gestellt, obwohl sich das typische zähnestarrende Gebiß der Urwale gerade bei ihnen mehr und tiefgreifender umgewandelt hat als bei den übrigen Verwandten. Vom erst

---

[13] Als normale Innenbezahnung; nicht vergleichbar selbstverständlich mit Elefantenstoßzähnen, Walroßhauern u. ä.

1933[14] aus der südlichen Südsee bekanntgewordenen tasmanischen Schnabelwal Tasmacetus shepherdi mit seiner noch weitgehend delphinmäßig-»normalen« Bezahnung abgesehen, sind bei den Ziphiidae nur noch 1 bis 2 Paar Zähne vorhanden. Im Unterkiefer sitzend, ragen sie als wildschweinartige »Hauer« empor, können sich aber auch als mehr oder weniger dreieckige oder baumblattförmige Platten (die beiden Zähne des japanischen Mesoplodon gingkodens Nishiwaki und Kamiya 1958 ähneln dem Laub des Gingkobaumes) oder als (elfenbeinerne) Bänder darstellen. Bei dem von Watson deshalb »straptooth beaked whale« (= »Strumpfband-Zahn-Schnabel-Wal«) genannten Mesoplodon layardi umschlingen bzw. umwachsen die beiden »Bänder« die Schnabelschnauze alter Männchen manchmal so eng, daß diese die Kiefer kaum mehr auseinanderbringen; die Beute kann – wie Zahnarmut oder gar Zahnlosigkeit der Ziphiidae vermuten lassen, vornehmlich aus Weichtieren (Tintenfische) bestehend – daher lediglich *eingesaugt* werden. So unzureichend bekannt einige Schnabelwale auch sein mögen, hat die Familie doch auch durchaus robuste Mitglieder von sogar wirtschaftlicher Bedeutung aufzuweisen: Der bis immerhin 12 m lang werdende Berardius bairdii ist bzw. war eines der Hauptobjekte des japanischen Küstenwalfanges, der rundköpfige, etwas kompaktere Entenwal, Dögling oder Butskopf (Hyperodon ampullatus) zollte der nordatlantischen Walfischerei über 3300 Opfer pro Jahr.

---

[14] Viele Schnabelwalarten sind erst spät und durch wenige gestrandete Einzelexemplare oder sogar nur einzelne Knochen bekannt geworden. »Neueste« Walart ist z. B. der 1991 vor der peruanischen Küste gefundene zweizähnige Mesoplodon peruvianus Reyes.

Als besonders ursprüngliche, »primitive« Gruppe setzt die zoologische Systematik meist die Familie Platanistidae (»Flußdelphine«) an die Wurzel des Zahnwalstammbaums; dabei sind ihre u. U. gar nicht näher miteinander verwandten 4 Gattungen (oder »Unterfamilien«) Platanista, Lipotes, Inia und Pontoporia aber wahrscheinlich erst *nachträglich* ins Süßwasser abgedrängt worden. Da wir den Begriff »Wal« oder »Delphin« gewohnheitsmäßig mit Ozeanen verbinden, hat das Bild solcher Tiere in verschilften Seen oder gewundenen Flüssen zunächst etwas Verblüffendes. Erinnern wir uns jedoch der Entwicklungsgeschichte, in deren jahrmillionenaltem bzw. -währenden Verlauf terrestrische Quadrupeden über amphibische Uferbewohner (s. S. 10) perfekte »Walfische« wurden, können uns die Platanistidae durchaus anschauliche Eindrücke vom Aussehen eines noch nicht ganz »fertigen« Frühwales vermitteln: (s. S. 11 ff.).

> »Ihr ungewöhnlich langer 'Schnabel' mit vielen kleinen, gleichförmigen Zähnen erinnert an den Ichthyosaurus, die Halswirbel sind – anders als bei den 'lebenden Torpedos im Meer' – nicht miteinander verwachsen, wodurch ein Flußdelphin seinen Kopf schlangenartig in alle Richtungen wenden kann. Die Oberhaut braucht keinen Schnellschwimmerbelag, sondern verhornt, so daß sich auch in einem Trockenzeit-Tümpel überdauern läßt; dazu verdeutlichen zentimeterlange Schnurrhaare entlang der Schnauze den nahen Bezug zum vierfüßigen Landsäuger, die breiten Flipper lassen auch äußerlich die einzelnen Finger erkennen« (Gewalt in Grzimek 1987).

Durch ihr bizarr-altertümliches Äußeres, kleine oder gar »blinde« Augen, die schlechten Beobachtungsverhältnisse der trüb-schlammigen Wohngewässer und andere Umstände wurden die Flußdelphine nachhaltig unterschätzt; erst durch 2 oder 3 Delphinarien ist hier sehr spät eine gewisse Umwertung ermöglicht worden (s. S. 167 ff.).

Mit Ausnahme einiger Amazonas- und Orinoko-Populationen von Inia geoffrensis sind die meisten Fluß-delphine sehr umweltbedroht: Der indisch-pakistanische Platanista »Susu« ist nur noch im Ganges-Brahmaputra leidlich vertreten, im Indus dagegen durch Staudamm-bauten u. a. auf eine Restbestandsstärke von nurmehr ca. 600 Exemplaren zurückgegangen. Der Gesamtbestand des Yangtze-Delphins oder Baiji (Lipotes) dürfte nicht einmal mehr 200 Exemplare betragen und ihn inzwischen zum gefährdetsten und seltensten »Waltier« machen. Der La-Plata-Delphin oder »Franciscana« Pontoporia blain-villei Gervais & d'Orbigny 1844 hält sich statt im »Silber-fluß« mehr in den Brack- und Küstengewässern bis hinauf an die Copa cabana Brasiliens auf, fällt aber gerade da-durch in bestandsgefährdendem Umfang der Hai-Netzfi-scherei zum Opfer. – Umgekehrt gibt es mehrere Arten Nicht-Platanistidae, die sich den Biotop »Flußwasser« er-folgreich zu erobern vermochten: Der »Küstendelphin« Sotalia oder Tucuxi (sprich: Tukuschi) macht der Ama-zonas-Inia stromaufwärts bis Iquitos Konkurrenz, der Glattümmler Neophoconea ist im Yangtze weit häufiger als der Yangtze-Delphin Lipotes, der sog. Baiji.

▨ Bartenwale

Die andere Unterordnung der Waltiere wird von den Bartenwalen (Mysticeti; griech. mystax = Schnurr-bart) gestellt, einer gegenüber den Odontoceti sehr viel artenärmeren, einheitlicheren, für Walfang und -wirt-schaft einstmals sehr viel wichtigeren Gruppe. Obwohl statt knöcherner Zähne mit hornigen Filterbürsten

(»Barten«) ausgestattet, gehen die Mysticeti fraglos auf gebißbewehrte Urformen zurück, haben sich vom Stammbaum der Zahnwale aber schon im Tertiär zu einer durchaus erfolgreichen Seitenlinie abgezweigt (s. S. 15 ff.).

Glattwale

Die erste der insgesamt nur 3 Bartenwalfamilien, die Balaenidae, heißen *Glattwale* oder «right whales«: »glatt« wegen ihrer im Gegensatz zu den »Furchenwalen« nichtgefalteten Kehlpartie, »right« wegen für den alten Ruderbootwalfang so willkommener Eigenschaften wie Langsamkeit, Ungefährlichkeit, harpuniert Nichtuntersinkens usw.; vielleicht aber auch, weil vor allem sie den Typ des »richtigen« Wales, des riesenköpfigen Monsters verkörpern. Zum Extrem ist die Riesenköpfigkeit beim Grönlandwal Balaena mysticetus gesteigert, von dessen 20 m Körperlänge (90 t) mehr als ein Drittel auf den »bowhead« entfällt: »Bogenkopf«, weil er zu einer Art »Kuppel« gewölbt ist, von der bis zu 4 m lange Barten herabhängen, neben denen wiederum 3,5 m hohe Unterlippen emporragen müssen, um die stubengroße Mundhöhle zu einer funktionablen »Filtrierkammer« abzudichten (s. S. 98). Zur Zeit der Segelschiffe waren die Grönlandwalscharen um Spitzbergen, ihr über halbmeter dicker »Blubber« und erst recht ihr 4 m langes »Fischbein« das Hauptthema zeitgenössischer Walfängerei, heute dürfte der bis auf die eher traditionspflegerische Eskimojagd sorgfältig geschützte Weltbestand nur noch um 3000 Exemplare betragen. Grönlandwale scheinen auch zur Zeit des Kalbens die kalten Gewässer des Nordens nicht zu verlassen. Die Färbung mit Ausnahme einer weißen Kinnpartie ist schwarz, von der Vielgestaltigkeit

und »Buntheit« der so zahlreichen Zahnwalfamilien und
-arten findet sich bei der nicht einmal eine Handvoll Bartenwale ohnehin wenig.

Nord- und Südkaper

Der in zwei geographisch getrennten Formen als
Nord- und *Südkaper* auftretende »great right whale«
Balaena glacialis erscheint als die geringfügig weniger
extreme, ernährungsmäßig flexiblere Ausgabe des Grön-
land-Bogenkopfes: In seinem etwas flacheren Kopf haben »nur« Barten bis ca. 2,30 m Platz, mit denen außer
Feinstplankton auch gröberer Krill gesiebt wird. Statt
des Kinns zeigt die Bauchseite weiße Flecken, dazu treten am Kopf des Südkapers weißgraue »bonnets« (=
krustige, verhornte Hautwucherungen mit einem Besatz
von Seepocken, Algen, Walläusen usw.) auf. Der kaum
bekannte, nur um 5 m lange Zwergglattwal Caperea
marginata ist keineswegs glatt, sondern besitzt sowohl
eine Rückenfinne als auch 2 Kehlfalten; auch durch seine Spitzköpfigkeit erinnert dieser auf die untere Südhalbkugel beschränkte Bartenträger eher an die Familie
der Furchenwale (s. S. 81).

Grauwale

Die nach dem dänischen Zoologen Daniel Eschricht benannte Familie Eschrichtidae umfaßt nur eine
einzige Art – den gegen 12 m langen, bis zu 20 t schweren Grauwal Eschrichtius robustus (lat. robustus =
derb). Mit Höckern, Tupfen, Bewuchskrusten übersät,
sieht er ausgesprochen »urtümlich« aus. Seine relativ
kurzen, derben Barten vermögen sowohl Schwebeorga-

nismen (Plankton) und kleinere Fische festzuhalten als auch den Meeresboden nach Bodentieren »abzufegen«. Als »Teufelsfisch« des kalifornischen Walfangs um die Jahrhundertwende so gut wie ausgerottet, hat sich die ostpazifische Grauwalpopulation inzwischen wieder auf eine Bestandsstärke von über 15 000 Exemplaren erholt. Parallel dazu wurde Eschrichtius eine der besterforschten Walarten: Die jahreszeitlichen Wanderungen zwischen den kalten Futtergründen der Beringstraße und den warmen Kalbungsgewässern Mexikos – mit insgesamt 20 000 km die längsten Säugetierzüge der Welt – sind praktisch von Kotzebue (Alaska) bis Acapulco unter Dauerkontrolle. In der Baja California sur bilden die »Ballenas gris« jeden Winter eine Touristenattraktion, in Sea World San Diego ist der Grauwal sogar delphinariumsmäßig gehalten worden, doch wurden die Futtermengen (und -kosten) von 800 kg Tintenfisch pro Tag schließlich zu groß.

Blauwale

Mit dem Blauwal Balaenoptera musculus Gray 1864 enthält die Familie Balaenopteridae (»Furchenwalartige«; engl: »rorquals«) das riesenhafteste Tier, das unsere Welt jemals bevölkerte (weshalb der Artname »musculus», der außer »Muskel« auch »Mäuschen« bedeutet, möglicherweise als Scherz gewählt wurde): Erwachsene Bullen können 33 m lang und 150 t schwer werden, d. h. nach Slijpers bekanntem Vergleich so viel wie 4 Brontosaurier oder 30 Elefanten oder 200 Rinder auf die Waage bringen. Allerdings sind so große bzw. alte Exemplare des Blauwales heute selten, da sich seine Bestände nur langsam vom Aderlaß der modernen, stets die stärksten Stücke auswählenden Fangaktivitäten erholen. Trotz seiner riesigen Abmessungen ist der Blauwal – wie auch die übrigen Furchenwale – ein im Vergleich zu den »ungeschlachten«, langsamen Glattwalen geradezu elegant wirkender, schlanker, spitzköpfiger »Sprintertyp«. Dazu passend die relativ dünne Speckschicht von kaum 15 cm (bei Glattwalen bis über 50 cm) und die erstaunlichen Schwimmleistungen bis 50 km/h, denen der Walfang statt mit Harpune und Segel erst mit Kanone und Dampfmaschine, dann jedoch bis an den Rand der Ausrottung beizukommen vermochte. Der Name »Blauwal« bezieht sich auf die dunkelblaugraue Oberseite, die bisweilen etwas heller getupft ist; die Unterseite besonders pazifischer Exemplare der weltweit verbreiteten Art kann schwefelgelb gefärbt sein (»sulphur-bottom«). Die weit hinten sitzende Rückenfinne ist nur ca. 25 cm hoch, das Blasloch wie bei allen Furchenwalen *paarig*, die ca. 60–90 Kehlfalten (»Furchen«) ziehen sich bauchseitig bis hinter den Nabel. (Über ihre Funktion bei der Nahrungsaufnahme s. S. 100)

▓▓ Finnwale

Der Finnwal Balaenoptera physalus (griech. physalus = luftgebläht) erscheint als eine geringfügig kleinere, noch etwas schnellere Version des Blauwals, ist mit einer Körperlänge bis 25 m und 70 t Körpergewicht aber gleichwohl ein »Riese des Meeres«. Die Oberseite ist bleigrau, die Bauchseite weiß – eine im Tierreich verbreitete Hell-Dunkel-Verteilung, die nur im Kopfbereich des Finnwales um 90° »verdreht« scheint (Watson): Die linke Seite von Unterkiefer, Zunge und Barten ist schwarz, die entsprechende rechte Hälfte weiß bzw. durchsichtig-farblos. Der Name »Finnwal« bezieht sich auf die sichelförmige Rückenfinne, die mit 60 cm Höhe die des Blauwales zwar ums Doppelte übertrifft, an einem so gewaltigen Tier aber dennoch nur wie ein kleines Anhängsel wirkt.

Bryde- und Seiwale

Zwei hieran anschließende Formen sind mit 12–15 m Körperlänge für die Familie Balaenopteridae nur mittelgroß und dazu einander so ähnlich, daß sie, trotz z. T. intensiver Bejagung, selbst von Berufswalfängern lange Zeit nicht als verschiedene Arten erkannt wurden: Beides sind typische, d. h. schlanke, spitzköpfige, graugefärbte Furchenwale mit kleiner, weit hinten sitzender Rückenfinne. Allenfalls Spezialisten mag auffallen, daß das paarige Blasloch des auf die wärmeren Meere beschränkten Bryde-Wales Balaenoptera edeni von 2 zusätzlichen Aufkantungen (»ridges«) des Oberkiefers flankiert wird, während der des Seiwals Balaenoptera borealis 3 Rillen aufweist. – Bryde ist der Name des Gründers einer südafrikanischen Walfangstation, »edeni« leitet sich von einem britischen Gouverneur A. Eden ab; Seiwal hat nichts mit »seihen« zu tun, sondern bezieht sich auf »Seje«, den norwegischen Namen für den schellfischverwandten Köhler oder Pollack (Pollachius), der gleichzeitig mit den Walen an der Küste Finmarkens einzutreffen pflegt; wie borealis (lat.) = nördlich andeutet, kommt der Seiwal bis in hohe Breitengrade vor.

Zwergwal

Ein weiterer, eigentlich der letzte typische »Furchensprinter« ist an je einem großen weißen Fleck bzw. Band auf den Vorderflippern leicht zu erkennen, aber offenbar schwierig zu benennen. Für eine bis 10 m lang und gegen 10 t schwer werdende Art scheint der deutsche Name »Zwergwal« in der Tat nicht sehr glücklich gewählt, während das anglo-amerikanische »Mink«, »Minke« oder »Minkie« synonym für den Nerz, d. h. ein marderartiges Raubtier ist. Der Bezeichnung der zoologischen Systematik Balaenoptera acutorostrata (lat. acutus = spitz; rostrum = Schnabel) entsprechend, empfiehlt Watson daher »piked whale« (= Spitzkopfwal), da dieses Merkmal den manchmal »nur« 8 m langen Nichtzwerg gut charakterisiert. Weltweit bis an beide Packeisgrenzen verbreitet, zeigt sich der »Spitzkopf« bemerkenswert anpassungsfähig: Während die Nahrung in antarktischen Gewässern bartenwalgemäß in Tintenfischen, Garnelen, jedenfalls erfilterten Planktonorganismen besteht, wird in den Meeren der Nordhalbkugel Einzeljagd auf Fische bis Herings-, ja Dorschgröße veranstaltet. Vor den Eisbergen Grönlands wie vor denen Grahamlands zu Hause, zwischen den Kokospalmen der Tropen wie zwischen den Fichten Alaskas zu finden, als – wohl einziger Bartenwal? – sogar da und dort zu delphinmäßigem Bugwellenreiten bereit, erscheint Balaenoptera acutorostrata geradezu als Musterbeispiel einer *anpassungsfähigen* Tierart. Ein »biologischer Hans-Dampf-in-allen-Gassen«, wenn man so will, der den fängereibedingten Rückgang der antarktischen Blauwalbestände mit stark zunehmender Vermehrung seiner eigenen Art beantwortet und in etwa ausgeglichen hat. Da Spitzkopfweibchen 2mal jährlich empfängnisbereit und u. U. 50 Jahre alt werden, würden wohl auch neuerlich diskutierte Fangquoten verkraftet werden können.

Zwei Dutzend breiter Kehl-Bauch-Falten weisen den Buckelwal Megaptera novaeangliae als Furchenwal aus – das sonstige Äußere des merkwürdig »flachen«, im Kopf- und Flipperbereich »knubbelübersäten« 15-m-Geschöpfes weicht von der schnittigen Raketengestalt der bisher behandelten Mitglieder der Familie Balaenopteridae nachhaltig ab. Wie der Gattungsname Megaptera (griech. megas = groß; pteron = Flügel) andeutet, sind die »großen Flügel«, d. h. die bis 5 m langen Vorderflipper ein besonders auffälliges Kennzeichen. Unter- sowie manchmal auch oberseits weiß gefärbt, an den Rändern sägeartig gezackt und/oder knubbelig gewulstet, erscheinen sie als erstaunlich biegsame Bänder, mit denen sich die Tiere bekannten Zeichnungen nach bei der Paarung umfassen, vielleicht aber auch Planktonnahrung »herbeiwedeln« können. Die »berühmtere« Form des Nahrungserwerbs mittels Luftblasen wird auf S. 101 beschrieben; soweit die Superflipper zum Auf-das-Wasser-Schlagen, d. h. zur akustischen Signalgebung benutzt werden, bleiben Effizienz und Reichweite hinter den »Gesängen« (s. S. 61) zurück. – Trotz des 40-t-Gewichtes ist der Buckelwal eine springfreudige Art. »Buckel« (»Humpback whale«, »Baleine à bosse«) bezieht sich auf die Tatsache, daß die kleine, hakenförmige Rückenfinne auf einer großen, fleischigen »Plattform« sitzt.

Der Buckelwal ist bzw. war keineswegs auf die Gestade Neu-Englands (Nordost-USA) beschränkt, sondern weltweit verbreitet; ungeregelter Küstenwalfang hat den Bestand jedoch auf ca. 15 000 Exemplare reduziert, von denen viele »persönlich bekannt«, nämlich nach der bei jedem Individuum unterschiedlichen Weißfärbung der Flukenunterseite registriert sind.

8 Nahrung und Nahrungssuche

Die Nahrung *junger* Wale besteht wie bei allen Säugetieren aus *Milch* (s. S. 86). Erwachsene Wale ernähren sich von Tieren des Meeres oder der Flüsse, sind als Endglieder der betreffenden Nahrungsketten dabei nicht nur menschlicher Konkurrenz, sondern zunehmend Problemen der Umweltschädigung ausgesetzt und je nach Zugehörigkeit zur Unterordnung Odontoceti oder Mysticeti auf das Fangen oder Jagen von Einzelbeute mittels Zähnen oder auf das Heraussieben oder -filtern von Massenbeute mittels Barten ausgerichtet.

Wie unter »Entwicklungsgeschichte« (s. S. 15) und »Systematik« (s. S. 10) bereits erwähnt, stellt Einzelbeute mittels Zähnen das ursprünglichere Ernährungsprinzip dar. Die übliche Einzelbeute sind Fische, »Tintenfische« (= Kopffüßler wie Kalmare, Kraken usw.) und Quallen, etwas seltener Krebse, Stachelhäuter und bodenbewohnende Würmer. »Mittels Zähnen« bedeutet Zuschnappen mit dem schon von Ichthyosaurus und den Urwalen (Archaeoceti, s. S. 10) bekannten, gleichförmig bestückten »Schnabel«. Wie z. B. bei den Krokodilen ist der »Delphin-Schnabel« eine Greifzange, deren von vorn bis hinten gleich spitzen Zähne, beim Yangtze-Baji sind es über 120, die Beute lediglich festhalten, nicht aber töten, zerstückeln oder zermalmen sollen

Abb. 30 a, b. Der gleichmäßig (homodont) bezahnte »Schnabel« der Delphine ist eine Greifzange, mit welcher Beute gepackt, ausnahmsweise aber auch einmal Spielgegenstände umhergetragen werden.
a Rauhzahndelphin,
b Butu.

a

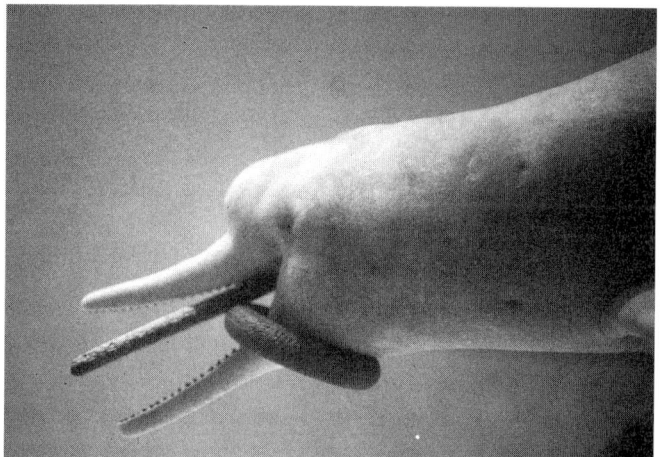

b

(Abb. 30). Eine Differenzierung in Eck-, Schneide-, Reiß- oder Backenzähne ist daher nicht erforderlich, die mehr oder weniger deutliche »Schnabelform« des Greifapparates hat sich auch bei jenen Arten erhalten, die durch eine dem Oberkiefer aufgepolsterte »Melone« äußerlich rundköpfig-stumpfschnauzig ausschauen.

Wie und was fressen die Zahnwale?

Fische werden kopfvoran verschluckt, ihr Tod tritt durch Ersticken im Vormagen oder schon während der Schlundpassage ein. Bereits gefangene bzw. getötete Fische werden, solange sie frisch sind, ebenfalls gern genommen, was die Voraussetzung noch immer bestaunter Beteiligung an Netzfischereien, für den Kontakt mit Delphin-Badetouristen oder für den Betrieb sog. Ozeanarien ist. Wenn möglich, wird die Beute *über* Wasser hinuntergeschluckt; andernfalls dichtet am Zungengrund gebildeter Schleim den Schlundeingang so weit ab, daß neben der Nahrung nur wenig (Salz-)Wasser eintreten kann.

Insgesamt ist die aufgenommene Nahrungsmenge erheblich, ein 120 kg schwerer Dalls-Tümmler z. B. verzehrt täglich 15 kg Fisch, was beim Menschen ca. 7–10 kg Steak entsprechen würde.

Großtümmler (Tursiops truncatus) der Karibik sind dabei beobachtet worden, daß sie Beutefische an Schlickufer trieben und ihnen hier bis zwischen die ersten Mangrovenwurzeln hinterherkrochen; bis zu den Delphinen, deren Treibjagd an gefüllten Fischernetzen oder fischgefüllten Touristeneimern ihren Lohn findet, ist deshalb kein langer Weg. Daß sich Mensch-Tier-Aktivitäten im Bereich Nahrungserwerb überschneiden, ist nichts Waltypisches, sogar Tier-Tier-Mensch-Überschneidungen kommen vor: Pazifische Makrelenschwärme werden außer von Thunfischen regelmäßig von Flecken-, Spinner- und Gewöhnlichen Delphinen verfolgt. Alle gemeinsam werden regelmäßig in großen von den Menschen ausgelegten Netzen eingefangen, die »gut« sind, wenn ihnen nur Thunfische zum Opfer fallen, »schlecht«, wenn sie auch Delphinverluste fordern. In Küstennähe geraten zumal Jacobitas leicht bzw. versehentlich ins Sardinennetz, weil sie Sardinen nachstellen, dänische Kleintümmler (Phocoena) verirren sich in Pondreusen, der Yangtze-Baiji verwickelt sich in den »rolling hooks« des Störfanges. – Wo delphingroße Zahnwale im freien Wasser auf Fischjagd gehen, versuchen sie ihre Beute durch vertikal oder horizontal geschwommene »Karussellrunden« einzuzirkeln (Abb. 31), Fliegenden Fischen (Exocetus) wird vom spurtstarken Gewöhnlichen Delphin bis in die Luft nachgesetzt.

Abwechselnd mit lebenden Forellen und toten Karpfen bzw. Karpfenstücken gefütterte Orinoko-Delphine (Inia) des Duisburger Zoos zeigen keine grundsätzlichen Präferenzen, wohl aber die Fähigkeit, zu große Karpfen(stücke) auch mittels homodonten Gebisses zu zerkleinern, zu zerdrücken oder zu »zerquetschen«. Eine weiterreichende Form der Futterzubereitung kann beim Schwarzen Schwertwal (Pseudorca crassidens) darin bestehen, daß die Köpfe und Eingeweide der ergriffenen, zwischen den Zähnen gehaltenen Fische[15] durch Schütteln entfernt werden, bevor es an das Verschlucken der – womöglich vorher enthäuteten – Filetstücke geht. Andere Zahnwalarten sollen Teile ihrer Beutefische sogar jungen oder kranken Artgenossen zutragen. Patagonische Jacobitas ließen sich durch Zuwer-

---

[15] Zu den Beutefischen von Pseudorca crassidens gehören so schnelle und kräftige Hochseeformen wie Thun, Bonito und Dorado.

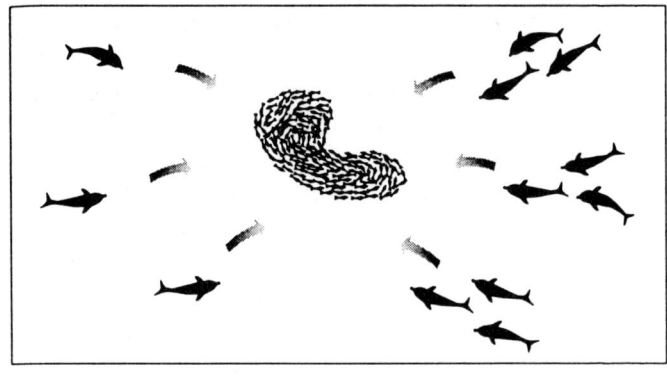

Abb. 31. Wo sich Futterfische nicht gegen ein Ufer (oder ein Fischernetz) treiben lassen, werden sie in gemeinschaftlicher Jagd umzingelt.

fen toter Sardinen herbeilocken (Gewalt 1991), gegen nach Meinung isländischer Hochseefischer zu zudringlich an ihren Kabeljaunetzen herumlungernde Schwertwale ist Militäreinsatz angefordert und gewährt worden.

Tintenfische bzw. Kopffüßer (Cephalopoden) und ähnliche Mollusken sind Weichtiere, und Zähne sind deshalb zu ihrer Erbeutung und/oder Zubereitung kaum notwendig. Das Gebiß typischer Molluskenfresser ist deutlich reduziert. Viele Mesoplodonarten (s. S. 76) haben nur noch ein einziges Paar funktionsloser »Renommierzähne«, Mesoplodon layardi muß bzw. kann die glibbrige Beute einfach einsaugen.

Wenn wir den Pottwal (Physeter) – trotz unbezweifelbarer systematischer Sonderstellung – als größten Zahnwal und zugleich Molluskenspezialisten folgen lassen, sind als angemessene, jedenfalls bekannteste Beute Riesenkraken (Kalmare) der Gattung Architeuthis zu nennen. Zahlreiche Darstellungen schildern den Kampf mit den gewaltigen, achtarmigen Weichtieren, die sich auf romantischen Gemälden sogar mit Segelschiffen angelegt, an Kopf und Körper mancher Pottwale aber gleichwohl tellergroße Saugnapfabdrücke und damit den Beweis hinterlassen haben, daß es sich nicht um Fantasien handelt. Schon Saugnapfspuren von »nur« 15 cm Durchmesser deuten auf eine Krakenarmlänge von ca. 7 m hin, man hat jedoch auch Abdrücke von 25 cm Durchmesser gefunden, zu denen ein mehrere Tonnen schwerer Riesenmollusk von 25 m Gesamtlänge (Arme und Körper) gehören würde. Solche »Tiefseemonster« mit einem Augendurchmesser von 40 cm erscheinen kaum weniger fabelhaft als der Pottwal selber, sie stellen allerdings nicht die Hauptnahrung dar, sondern diese besteht in mittelgroßen, oft auch nur wenige Zentimeter langen Kalmaren und Fischen. Da nur der schlanke Unterkiefer bezahnt ist, vermag selbst der mächtige »Cachalot« Nahrung nicht zu zerbeißen; es können aber schlüpfrige Beutestücke gut festgehalten werden, da die kuhhornförmigen Unterkieferzähne in entsprechende Löcher (Alveolen) des Oberkiefers hineingreifen. Junge Pottwale, deren Gebiß sich erst mit dem Heranwachsen entwickelt, kommen jahrelang ohne jeden Zahn aus, was für weichtierfressende Walarten ohnehin ein Charakteristikum ist. – Daß der Pottwal Beutetiere mittels hochfrequenter »Todestöne« ausschalte, ist bislang lediglich eine Hypothese. – Hauptfutterzeit des Pottwals ist nachts; vermutlich nutzt er es aus, daß Laternenfische (Mycophidae) und andere Tiefseebewohner bei Dunkelheit zur Oberfläche hinaufsteigen und hier bequemer als durch energiezehrende Tauchgänge zu erbeuten sind. Längeres Tieftauchen stellt auch für Wale eine Anstrengung dar, nach der ihr Organismus eines gewissen Erholungsstoffwechsels bedarf: Pottwale bleiben dann unter ständigem Blasen und Einatmen 30 min und mehr an der Oberfläche. Auch bei den meisten anderen Walarten wechseln Aktivitäten der Nahrungssuche mit Ruheperioden ab, während derer die Tiere gruppenweise vor sich hindümpeln.

Daß sich alle heutigen Wale von größeren oder kleineren Tieren, d. h. eher raubtierartig ernähren, darf ihre entwicklungsgeschichtlichen Wurzeln bei tertiären Urhuftieren (Condylarthra, s. S. 6) nicht vergessen lassen. Pflanzenfresser haben bzw. benötigen zum Aufschluß ihrer ballastreichen, nährstoffarmen Kost möglichst lange Därme und möglichst vielkammerige Mägen (Pansen, Labmagen, Netzmagen, Blättermagen), für die konzentrierte Kraftnahrung der Fleisch- oder Fischfresser dagegen genügt ein kurzer Darm mit Einfachmagen. Der zu Slijpers (1962) Verblüffung 160 m lange Darm eines 17 m langen Pottwales scheint in der Tat nur (entwicklungs-)»historisch« erklärbar, desgleichen die bei vielen (Zahn-)Walmägen nachgewiesene Unterteilung in einen Vormagen, einen Hauptmagen und einen Pförtnermagen. Während die Vormägen moderner Landpflanzenfresser aber oft dem Zelluloseaufschluß mittels hier angesiedelter Bakterien dienen, vergleicht Slijper den derbwandig-muskulösen Walvormagen eher mit einer Zerkleinerungseinrichtung, in der das nichtstattgefundene Kauen wenigstens teilweise nachgeholt wird.

Zum Inhalt des Pottwalmagens gehören neben Sand und Kieseln die papageienartigen Hornschnäbel verzehrter Kalmare, in einem naturwissenschaftlich nicht nachvollziehbaren biblischen Einzelfall außerdem *Jonah*. Ein anderer geheimnisvoller Magen- bzw. Darminhalt ist das bei 3–4 % der Tiere zu findende Ambra, eine grau-klumpige, wachsartige, u. U. mehrere hundert Kilogramm schwere (krankhafte?) Absonderung, die als Duftstoffträger der Parfümindustrie sowie als Aphrodisiacum hoch bezahlt wurde.

Eine wegen ihrer Nahrungsgewohnheiten geradezu berüchtigte Zahnwalart ist der Schwertwal Orcinus orca. »Tyrann oder Peiniger« (Linné), »raubsüchtigster und gefräßigster aller Delphine« (Brehm), »Killer«, »Thrasher«, »Mörderwal«, »vaghund« – ein nomenklatorisches Gruselkabinett, obgleich Orcinus orca (lat. orcus = Unterwelt) natürlich so wenig »mordet« wie die Amsel, die Regenwürmer aus dem Rasen zieht. Daß sich das falsche Bild bis heute erhielt, liegt am falsch gezeichneten Bild eines falschverstandenen Befundes: Es zeigt einen 5 m langen Schwertwal neben anschaulich aufgereihten 13 Tümmlern und 14 Robben, die »das Ungetüm« nach Eschricht im Magen, nach Slijper im Vormagen gehabt haben soll.

Nun ist der Vormagen eines 5-m-Schwertwales bestenfalls 90 cm lang, und daß dort nicht siebenundzwanzig 40–80 kg Beutetiere gleichzeitig hineinpassen, ist einleuchtend, selbst für 27 Phoca- und Phocoenababys wäre der Platz knapp. Ausgewachsene Zooschwertwale erhalten auf mehreren Mahlzeiten verteilt pro Tag etwa 100 kg Fisch; Eschrichts Mitteilung könnte sich also nur auf Überbleibsel nach und nach verzehrter Kleintümmler und Seehunde beziehen. Wie sich (Knochen?-)Reste so lange erhalten und so eine genaue Identifizierung erlauben sollen, wäre allerdings ebenso rätselhaft. Dennoch ist die ebenso unsinnige wie unheimliche Darstellung immer wieder nachgedruckt und ein wesentlicher Grund dafür geworden, daß sich ein Teil der alten »Mörder«- oder «Killer«-Vorstellungen bis heute erhalten hat. Nicht minder abwegig ist die Gegenversion, Wale – Orcinus orca inkl. – neuerdings zu »sanften Riesen« zu erklären, denn Wale gehen mit ihrer Beute so »sanft« oder »unsanft« um wie andere Nichtpflanzenfresser; auch daß aus männlichen Walen Rivalen, daß nichtpaarungswillige Weibchen bedrängt werden, ist Normalität.

Bei den nicht nur bioakustisch wohluntersuchten Schwertwalen Britisch Kolumbiens werden 2 Ökotypen unterschieden: die ortstreuen, »biederen« »residents«, die vornehmlich von Lachs leben, und die umherziehenden »Marodeurtrupps« sog. Nonresidents, die Jagd auf Warmblüter, d. h. vor allem auf Robben und Tümmler machen; die wohl aber auch für die wahrhaft dramatischen Szenen zuständig sind, die sich beim Herfallen über einen der riesigen Bartenwale ergeben:

> »Wie die norwegische Bezeichnung 'Speckhugger' andeutet, werden ausgewählten Opfern Brocken um Brocken der Außenhülle weggerissen, eine oft stundenlang dauernde, fast immer tödlich endende Quälerei. Falls sich die pralle Körperfüllung eines Großwals nicht recht packen läßt – das Maul des Schwertwals ist mit 44 spitz-hakenförmigen Zähnen besetzt, aber nur mäßig weit zu öffnen –, bilden Lippen und Zunge den bevorzugten Angriffspunkt und mitunter die einzigen 'Bissen', die von einer 50-t-Beute verwertet werden« (Gewalt in Grzimek 1987). – Auf den Kochereischiffen der Antarktis wurden großkalibrige Gewehre (sog. Elefantenbüchsen) benutzt, um »die Schwertwale von den im Schlepp befindlichen Walen zu vertreiben. Damit erreichen sie meist nur, daß die ebenso starken wie gierigen Räuber für eine kurze Zeit verschwinden« (Winterhoff 1974).

Die ostpazifische Zweiteilung (Fischfresser ortstreu/Säugerfresser mobil) gilt nicht im gesamten, welt-

umspannenden Verbreitungsgebiet unseres Riesendel-
phins: Vor bestimmten Seelöwen- und/oder Pinguinko-
lonien Patagoniens lungern einzelne Schwertwalgruppen
inzwischen schon über 10 Jahre mehr oder weniger
»ortsfest« herum. Millionen von Fernsehzuschauern haben seitdem verfolgen können, wie sich »dumme« Mäh-
nenrobben erwischen lassen, weil sich ein 5- oder 7-t-
»Killer« plötzlich so weit auf den Strand hinaufschiebt
wie Tümmler bei der Meeräschen- oder Sardinenverfol-
gung, und wie sich die »friedlichen Riesen« ihre 3-Zent-
ner-Beute dann noch ein Weilchen als Spielball zuwer-
fen. Großtümmler vor der portugiesischen Küste
schleuderten – aus »Spaß«? – Schildkröten mittels ihrer
Schwanzfluke in die Höhe. In Ozeanarien, wo Schwertwale gemeinsam mit Delphinen gehalten und gemeinsam
mit Tauchern oder Taucherinnen vorgeführt werden,
zeigen sie sich bis auf minimale Ausnahmen friedfertig-
kooperativ.

Nahrungserwerb der Bartenwale

Ganz anders, jedoch nicht weniger faszinierend ist
der Nahrungserwerb der Bartenwale. Auf den ersten Blick
mag verwundern, daß sich ausgerechnet die größten Geschöpfe unseres Globus' von »Kleinzeug« ernähren: Her-
beistrudeln und Heraussieben im Wasser schwebender
Miniorganismen ist eigentlich mehr bei sog. niederen Tieren, d. h. bei Schwämmen und Polypen, Muscheln und
Salpen üblich. Daß uns dieses Filterverfahren auch bei
Walen[16] begegnet, hat indes Gründe. War das Element

---

[16] Einzelne »Filtrierer« oder »Reusenfischer« treten auch in anderen Wirbeltierordnungen auf, z. B. der Flamingo bei den Vögeln,
der Löffelstör bei den Fischen u. a.

Wasser schon die physikalische Voraussetzung, Tiere vom Gewicht eines Blauwals (135 000 kg) *statisch* zu ermöglichen, so mußte auch ihre *energetische* Versorgung, d. h. die Ernährung aus dem Wasser erfolgen; und zwar quantitativ-massenbezogen.

Hauptnahrung »Krill«

Noch so dramatisch anmutende Jagden von Zahnwalen auf Robben, Kraken oder auch nur Makrelen bleiben letztlich (energiezehrende) Einzelunternehmen – Bartenwaldimensionen dagegen bedingen »Massenbetrieb«. Schon unter den Landsäugetieren stellen Nashorn und Elefant die obersten Gewichtsklassen, nicht etwa Raubtiere wie Wolf oder Löwe; Zebras und Rentiere bilden die Riesenherden von Steppe und Tundra, nicht der »schlaue Fuchs« oder das »flinke Wiesel« – Tiere also, die sich an zwar kleine, aber massenhaft vorhandene Grundpartikel wie Grashalme, Blätter, Flechten halten. Nun verzehren Bartenwale zwar nicht Tang oder Seegras, der von ihnen aus dem Meer gesiebte »Krill« (Abb. 32) geht jedoch als nächstfolgendes Glied der Nahrungskette unmittelbar auf die pflanzliche Grundlage der im Wasser treibenden Algen zurück. Waren Zahnwale die »Raubtiere«, so sind Bartenwale die »Weidetiere« des Ozeans, und ihr »Abernten« der Planktonmassen kalter Meeresteile ist eine der eigenartigsten, aber auch effektivsten ernährungsstrategischen Anpassungen innerhalb der Ordnung der Säugetiere.

»Wenn die kalten Fluten der Treibeisregion in die Tiefe sinken, steigt wärmeres, schlick- und nährstoffreicheres Wasser zur Oberfläche. In der Lichtfülle des antarktischen Sommers entwickelt sich damit ein üppiges, dem 'Blühen' unserer Teiche vergleichbares Algenwachstum. Dieses Phy-

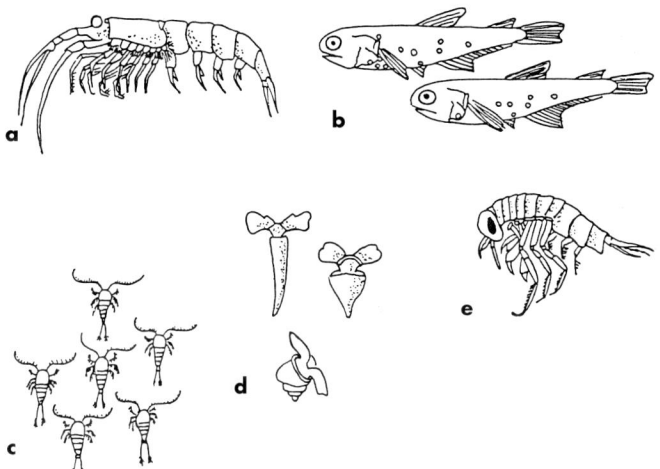

Abb. 32. Ein Bartenwal ist u. U. 100 000 000mal größer als jedes seiner Beutetiere. Dafür treten diese jedoch in riesigen Schwärmen auf (**a** Leuchtkrebs, **b** Laternenfisch, **c** Ruderfußkrebschen, **d** Flügelschnecken, **e** Flohkrebs).

toplankton (= Pflanzenplankton) wiederum liefert die Grundlage des nun womöglich noch stürmischer wuchernden Zooplanktons (= Tierplankton), das dann den Endverbraucher Bartenwal anlockt... Die wichtigsten Planktontiere, streichholzlange Krebschen der Gattung Euphausia, werden als 'Krill' bezeichnet und treten zur Futtersaison in solchen Massen auf, daß sie eine dicke, wabernde 'Suppe' bilden. Mitunter entstehen fußballplatzgroße schwimmende Krillteppiche, die sich handbreit über den Meeresspiegel hinausschieben und von den Walen durchpflügt werden wie der Hirsebrei im Märchen ...« (Gewalt in Grzimek 1987).

Ultraschallortung oder besondere Hirnleistungen sind hierfür nicht erforderlich und bei Bartenwalen bislang nicht nachgewiesen.

Voraussetzung bzw. Werkzeug der Krillaufnahme sind die – ehemals Fischbein genannten – *Barten,* die als dreieck- bis schwertförmige, am Innenrand bürstenartig ausgefaserte Hornplatten dicht an dicht in der Mundhöhle hängen. Befestigt sind sie am Gaumendach etwa dort, wo bei Hunden, Hirschen und anderen Landsäugern Querriefen, sog. Gaumenfalten verlaufen; möglicherweise sind die Walbarten entwicklungsgeschichtlich einmal aus diesen hervorgegangen. Ist ein Bogenkopf (s. S. 79) hochgewölbt bzw. sein Gaumendach weit oben, können die Barten 4 m lang werden bzw. herabhängen. (In einem Zeitalter noch ohne Plastik und Federstahl war das Fischbein des Grönlandwales – ca. 350 Platten pro Tier und Gaumenseite – fast wichtiger als sein »blubber«.) Bei den flach-spitzköpfigen Furchenwalen bleiben sie wesentlich kürzer. Ist der Innenrand besonders fein aufgefasert, vermag die betreffende Walart sog. Nannoplankton (lat. nanus = Zwerg, griech. nannos = umherschweifend) aufzunehmen, z. B. Ruderfußkrebschen der Ordnung Calanus, deren z. T. winzige Arten an die »Wasserflöhe« unserer Aquarianer erinnern. Dem streichholzgroßen Krillkrebs Euphausia (Abb. 33) ist schon mit etwas gröberer Ausstattung beizukommen – Bartensäume vom Typ »Wurzelbürste« sprechen dafür, daß selbst Fische zum Speisezettel gehören. Für den besonders derb, kurz und weitlückig bebar-

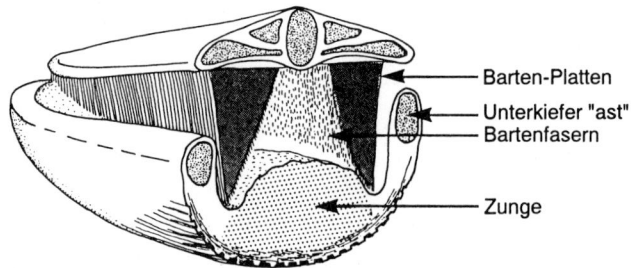

Abb. 33. Querschnitt durch den Kopf eines Furchenwals.

teten Bryde-Wal scheint Fisch sogar einen Hauptteil der Nahrung auszumachen; andere Arten – z. B. der »Spitzkopf« (s. S. 84) – betreiben Fischfang höchstens saisonal oder regional oder verschlucken Schwarmfische wie Hering oder Sardine versehentlich mit, wenn diese derselben Planktonwolke folgen. Grundlage bleibt Krill.

Der Tagesbedarf an Krill eines Blauwals kann auf 3–6 t vernschlagt werden und ist für ein 130-t-Geschöpf von 2 t Magenfassungsvermögen keine Unmäßigkeit. (Der 80-t-Grönlandwal verbraucht sogar »nur« 2 t täglich, doch sind dies in seinem Fall die 3-mm-»Wasserflöhe« Calanus.) Untersuchungen der Südhalbkugel als Ökosystem beziffern die Jahresgesamtkrillmenge auf 600–1000 Mio t; davon wurden durch frühere Bartenwalbestände pro Saison ca. 200 Mio entnommen, heute mag deren »Ernte« noch 40 Mio t betragen. Ob und welcher Ausgleich hier durch biologische Umschichtungen möglich oder bereits im Gange ist, ob die »ökologische Nische« der ihre frühere Überjagung nur langsam überwindenden Blauwalpopulationen eher durch Sei- oder Zwergwale, durch Seevögel, Fische, Tintenfische oder die schon heute individuenreichste Robbenart der Welt »Krabbenfresser« aufgefüllt werden wird; ob und welche Zukunft einer Krillnutzung durch den Menschen eingeräumt werden kann – derlei Fragen müssen durch fundierte Untersuchungen geklärt werden.

Zur Filtertechnik der Bartenwale lassen sich dreierlei Muster unterscheiden, das Grundprinzip indessen ist gleich: Der Wal nimmt einen, bei großen Arten u. U. 1000 l umfassenden Schluck Planktonwasser ins Maul, preßt das Wasser mittels des mächtigen Muskelpolsters seiner Zunge zwischen den Bartenplatten hindurch bzw. an den Bartenborstenkämmen vorbei; Krebschen, Quallen, Wasserflöhe, Kleinfische bleiben an den Borstenkämmen hängen, danach wird das »leere« Wasser rechts

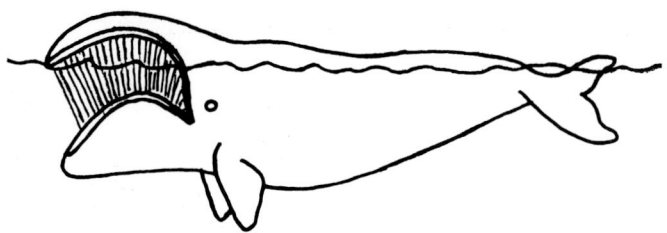

Abb. 34. Glattwale mit ihren besonders feinen und besonders langen Barten »ernten« die Meeresoberfläche nach dem Schaumlöffelprinzip ab.

und links über die Unterlippe wieder hinausgedrückt, die vom Reusensieb der Barten zurückgehaltene Eiweißmasse dagegen verschluckt.

Glattwale, die Feinstfilterer, verfahren nach dem »Schaumlöffelprinzip« (Abb. 34): Sie paddeln gemächlich an der Meeresoberfläche dahin und schließen das mäßig aufgesperrte Maul erst dann, wenn sich auf den Barten eine genügende, das Auspressen und Verschlukken lohnende Futtermenge angesammelt hat.

Aktiver und nicht nur an der Oberfläche operieren die schnittigen, schnellschwimmenden Furchenwale. Wie schon erwähnt, ist die Mundhöhle ihres spitzen Kopfes kleiner, der Bartenbehang kürzer.

»Um trotzdem Wassermengen aufnehmen und verarbeiten zu können, finden wir jene Furchen entwickelt, die der Familie den Namen gaben: bis zu 90 am Kinn beginnende, bei manchen Arten bis zum Nabel reichende Längsfalten, die beim Krillschlucken wie eine Ziehharmonika auseinandergehen. Im Gegensatz zu den die Meeresoberfläche abschöpfenden Glattwalen stoßen Furchenwale mit gezielter Heftigkeit in Krill- oder Kleinfischschwärme, um daraus einen ordentlichen Schluck zu nehmen. Das plötzliche Auseinanderfalten oder Spreizen der Furchen ergibt eine solche Saugwirkung, daß solche Schlucke oft mehrere Kubikmeter umfassen« (Gewalt in Grzimek 1987).

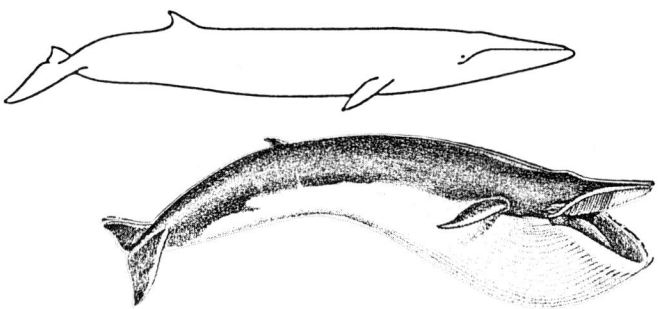

Abb. 35. Beim Gulp-Verfahren der Furchenwale (hier ein Finn-wal) wird durch plötzliches Auseinanderfalten der Kehle der Krill in einem mehrere Kubikmeter umfassenden »Schluck« eingesaugt.

Die *optische* Wirkung für den Betrachter ist dabei kaum weniger verblüffend als die filtertechnische Effi-zienz für den Wal: Das gesamte Vorderdrittel eines bis-lang raketenschlanken Geschöpfes scheint plötzlich in einen Ballon verwandelt (Abb. 35).

Gewissermaßen zwischen dem Oberflächenab-schöpfen der Glattwale und der Krillfangstrategie typi-scher Furchenwale hat der Buckelwal (Megaptera) ein eigen- bzw. einzigartiges Verfahren entwickelt: Wie Ear-le et al. (1979) beschreiben, wird der als Beute auserse-hene Schwarm von Kleinfischen, -krebsen oder auch Rippenquallen (Ctenophora) zunächst durch ein »bub-ble net« eingekreist, eine Art »Fangzaun« aus empor-steigenden Luftblasen. Bemerkenswerterweise kann er von mehreren Buckelwalen *gemeinsam* hergestellt und dann auch gemeinschaftlich »ausgelöffelt« werden, wäh-rend die eingeschlossenen Nahrungstiere offenbar davor zurückschrecken, durch den Perlenvorhang auszubre-chen (Abb. 36).

Nicht an oder unter dem Meeresspiegel, sondern am *Meeresboden* zeigt der Grauwal (Eschrichtius) ein

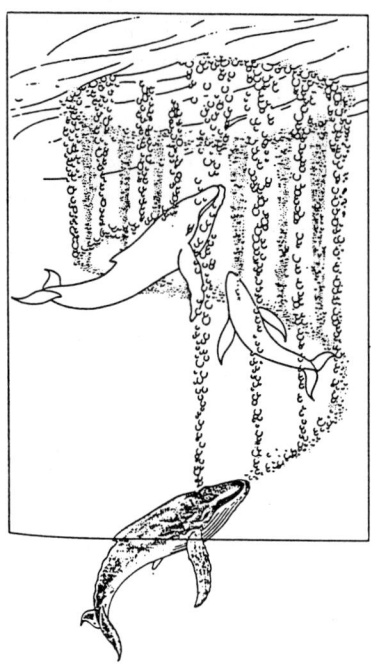

Abb. 36. Ein besonders erstaunliches Hilfsmittel beim Nahrungserwerb des Buckelwals ist das »Blasennetz«.

drittes Filtrierverfahren: Er durchpflügt – man hat am Grunde der Bering-See richtige »Ackerfurchen« gefunden – weichsandige Schlickpartien, wobei außer Mulm bodenbewohnende Krebse, Würmer, Weichtiere usw. emporgewirbelt werden. Die muskulöse Zunge des Grauwales erzeugt genügend Sog bzw. Druck, selbst dickschlammiges Nahrungswasser durch die Filterborsten zu treiben; vielleicht werden die kurzen Robustus-Barten aber auch – nicht unähnlich dem Walroß-schnauzbart – benutzt, den Boden direkt abzufegen oder abzuharken. – Wo sich Grauwale auf Nahrungssuche befinden, sieht man fast ständig Schlammwolken und Gasblasen emporsteigen, an der Schnauze auftauchender Exemplare zeigen sich oftmals Sand- oder Schlickreste.

Bei den ausdrücklich »Gründelwale« genannten, zu den Zahnwalen gehörenden Monodontidae kommt derartiges »Baggern« nicht vor (s. S. 74), obwohl zumindest Narwalmännchen über einen eindrucksvollen »Grabstock« verfügen. Obwohl sich Lebensweise und räume vielfältig überschneiden, muß nochmals an die Zweiteilung Mysticeti – Odontoceti und den Unterschied Barten – Zähne erinnert werden: Zähne sind Teile des Skeletts, also »Knochen« und entstammen dem *inneren* Keimblatt, dem Entoderm; Barten sind Teile der Außenhaut, also »Horn« und entstammen dem *äußeren* Keimblatt, dem Ektoderm.

Nach dem meist über Wasser erfolgten Abschlukken der erfilterten Beute bzw. Ende des »großen Fressens« erfolgt, ob bei »Skimmers« (= Oberflächenabschöpfern), »Swallowers« (= Hinunterschluckern) oder »Immediates« (= Mischtypen), das Reinigen der Barten. Es besteht in ausgiebigem »Mundspülen« und anschließendem Ausschütteln der Barten bei halbgeöffnetem Maul, wobei letzte Krillreste herausfallen und ein kastagnettenartiges Klappern hörbar wird.

Trinken

Ob die Nahrung aber mittels Zähnen oder mittels Barten aufgenommen wird, ob sie aus Krill oder aus Kabeljau besteht, so hat sie außer dem Hunger den Durst der Wale zu stillen, d. h. ihren *Wasserhaushalt* zu garantieren. Es klingt nur scheinbar paradox, daß auch Wale trinken müssen und in Delphinarien gern einmal am Wasserhahn, im Polarmeer (angeblich) an verschneiten Eisschollen lutschen. Als Exlandsäuger steht ihr Organismus letztlich vor den gleichen Problemen, die Schiffbrüchige in der Wasserwüste Ozeanien verdursten lassen. Wirbeltiere, warmblütige Säugetiere zumal sind (Slijper 1962) »nämlich eigentlich nicht für das Leben im Meerwasser geschaffen, weil bei ihnen die Salzkonzentration des Blutes und der Körpersäfte niedriger ist als die Konzentration des Meerwassers ... und weil ihre Mund-, Rachen- und Darmschleimhaut als sog. semipermeable Membranen (halbdurchlässige dünne Häute) wirken.« Die winzigen Poren solcher semipermeablen Membranen lassen nur Wasser-, aber keine Salzmoleküle passieren und sind als Trennwand zwischen Flüssigkeit unterschiedlicher, nach einem gemeinsamen Mittelwert strebender Salzkonzentrationen Kernstück der sog. *Osmose*. »Gemeinsamer Mittelwert« einer zu salzigen und einer zu faden wäre die genießbare Suppe, der wir normalerweise mit dem Umrührlöffel nachhelfen. Würden die beiden Extreme nicht umgerührt, sondern durch eine solche Membran getrennt, würde nur die versalzene Hälfte verträglicher und alsbald deutlich mehr, die fade dagegen bis auf unscheinbare Salzkrusten hinweggesogen.

Damit der salzige Ozean unsere weniger salzigen Wale nicht hinwegtrocknet, müssen diese daher fortgesetzt (Körper-)Flüssigkeit auffüllen, günstig z. B. durch den Verzehr von Weich- und Hohltieren (Kraken, Quallen), die zu mehr als 90 % aus Wasser bestehen. Da trotzdem zumal beim Fischefressen »eine große Menge Salz aufgenommen wird« (Slijper), ohne daß Schweiß- oder andere Drüsen zu dessen Absonderung zur Verfügung stünden, müssen Wale besonders viel besonders hochkonzentrierten Urin ausscheiden können. Wahrscheinlich steht hiermit die Ausbildung eindrucksvoller »Traubennieren« in Zusammenhang, die bei Großwalen aus bis zu 3000 Einzelnierchen bestehen, beim (süßwasserbewohnenden) Ganges-Delphin dagegen unauffällig bleiben.

9 Fortpflanzung

Wie und wie häufig sich Wale vermehren, diese Frage hat sowohl die Wissenschaft wie die Industrie beschäftigt; das »Wie« konnten vor allem Delphinarien durch Einblicke in »Schlaf- und Wochenstuben« beantworten.

Geschlechtsreife

Die Fortpflanzung beginnt mit der Paarung und hat den Eintritt der Geschlechtsreife zur Voraussetzung. Als geschlechtsreif gilt eine Säugerart dann, wenn die Hoden (Testes) der Männchen befruchtungsfähige Samenzellen, die Eierstöcke der Weibchen befruchtungsfähige Eizellen produzieren; wobei die Zahl der beweglichen Samenzellen in die Abermillionen geht, die der Eizellen dagegen sehr viel geringer bleibt. Wie bei den meisten Säugern messen die Eizellen bzw. Eier selbst riesiger Bartenwale nur 0,1–0,2 mm, die sie umgebenden Hüllen können jedoch einen je nach Reifezustand kirsch- bis kastaniengroßen Follikel, für den Eierstock insgesamt ein traubenartiges Aussehen ergeben. Befruchtungsfähig sind bzw. werden Eizellen dann, wenn ihr Follikel geplatzt ist und sie Richtung Eileiter-Uterus ent-

lassen hat – ein Vorgang, der sich bei den kaum mandel-
großen menschlichen Ovarien alle 4 Wochen abspielt,
bei den über 10 kg schwer werdenden Großwaleierstök-
ken aber meist nur *eine* (kurze) Brunstzeit pro Jahr
ergibt.

Wann bzw. mit welchem Alter die Geschlechtsreife
eintritt, hängt von verschiedenen Faktoren und natürlich
dem Gesamtlebensalter der betreffenden Art ab. (Land-)
Säugetiere pflegen – die Weibchen etwas früher, die
Männchen etwas später – ungefähr dann vermehrungs-
fähig bzw. paarungsbereit zu werden, wenn sie ca. 15 %
ihres möglichen Höchstalters erreicht haben; woraus
umgekehrt zu folgern wäre, daß sechs- bis zehnjährig
pubertierende Blau-, Finn-, Sei- und andere Furchenwale
zwischen 40–60 Jahre alt würden. Genaue Altersangaben beschränken sich vornehmlich auf Delphinarien,
brauchen jedoch nicht typisch zu sein, da die Lebenserwartung vieler Zootiere höher ist als in streßreicher,
schadbelasteter Freiheit. Als bisheriges Höchstalter des
großen Tümmlers in US-Ozeanarien werden 40 Jahre
genannt; im Duisburger Zoo befinden sich Weißwale
von 25 Jahren, Jacobitas und Orinoko-Delphine von 18
Jahren noch in guter Kondition.

Das Lebensalter freilebender Wale sucht man
durch Auszählen jahresringähnlicher Schichten zu ermitteln, die sich dem Mikroskop sowohl in den (knöchernen) Zähnen der Odontoceti wie in den (wächsernen)
Ohrpfropfen der Mysticeti als hell-dunkle Bänderung
darstellen. Daß bzw. wieso sich bei 2 verschiedenen
Tiergruppen in 2 völlig verschiedenen Körperbereichen
»Jahresringe« abzeichnen sollen, ist schwer zu erklären,
zumal für Walarten oder -individuen, die sich jahraus
jahrein in mehr oder weniger unveränderten Licht-,
Temperatur- und Ernährungsverhältnissen oder gar einem Ozeanarium befinden. Die optische Abgrenzung

der einelnen Schichten ist manchmal wenig deutlich; auch die Grundsatzfrage, ob pro Jahr ein oder zwei Schichten (Schichtenpaare) hinzukommen, wird noch nicht einheitlich diskutiert; die aus Watson sowie persönlichen Mitteilungen folgenden Altersangaben sind daher als Schätzungen aufzufassen:

Grönlandwal	40 Jahre
Grauwal	30 Jahre
Finnwal	30 Jahre (100 Jahre?)
Schnabelwale	20 Jahre
Ganges-Delphin	20 Jahre
Narwal	25 Jahre
Pottwal	35 Jahre
Schwertwal	25 Jahre (50 Jahre? 80 Jahre?)
Gewöhnlicher Delphin	20 Jahre
Kleintümmler	15 Jahre

(Früher wurden noch den sehr kompakten Mittelohrknochen »Bulla ossae« jahresschichtenähnliche Auflagerungen nachgesagt. – Die aus Horn bestehenden, also einem 3. Körperbereich zugehörigen Barten können beim Zwergwal wenigstens einen »Jahresring«, die sog. Neonatalmark erkennen lassen.)

Paarung

Zur Paarung kommt es in der Regel (nur oder erst) dann, wenn sich das Weibchen in »Hitze«(Oestrus) befindet, d. h. wenn seine Ovarien eine reife Eizelle in Eileiter oder Uterus deponiert haben. Im komplizierten Sozialgefüge des Pottwals mit voneinander getrennt lebenden »Junggesellenherden«, »Müttergruppen« usw.

gesellen sich Altbullen nur stundenweise zu Weibchen-verbänden, in denen sich brünstige Tiere befinden; normalerweise führt die Paarungszeit die Geschlechter jedoch für einige Wochen oder wenigstens Tage zusammen; vor allem bei jenen Arten, die hierzu besondere Hochzeits- und Gebärgründe aufsuchen (s. S. 121). Daß sich japanische Grindwale (Globicephala macrorhynchus) gelegentlich auch dann paaren, wenn die Weibchen *nicht* empfängnisfähig sind, wurde erst durch neueste Untersuchungen bekannt (Kasuya et al.).

Bei den Zahnwalen sind meist die Männchen, bei den Bartenwalen die Weibchen größer, die Unterscheidung nach sog. primären Geschlechtsmerkmalen indessen ist schwierig. Den Stromlinienanforderungen des Wasserlebens entsprechend (s. S. 4), findet sich auf der ansonsten glatten Bauchseite lediglich eine Genitalfalte (Abb. 37). Beim Männchen ist diese ein wenig mehr kopf- bzw. nabelwärts gelegen und verbirgt den s-förmig zurückgezogenen Penis, der nur bei der Paarung sichtbar wird; beim Weibchen liegt sie weiter schwanz- bzw. afterwärts und wird von zwei kleineren »Nebenfalten« flankiert, die zur Säugezeit je 1 Milchzitze hervortreten lassen. Die Hoden sind und bleiben im Körperinneren.

In der Regel geht der Paarung ein ausgedehntes Liebesspiel voraus, bei dem die Partner in enger Körperberührung neben- oder übereinander schwimmen, Männchen u. U. aber recht »ruppig« werden können. Südkaperkühe, die von mehreren Bullen bedrängt wurden, flüchteten vor zu intensiver Zudringlichkeit in Flachwasserbuchten, Delphinmännchen der australischen Küste bilden – einander befehdende – »Vergewaltigungsgangs«, die gefügig gemachte Weibchen bis zu 1 Monat lang »gefangenhalten«. Daß sich »die friedlichen Riesen« dabei manche Schmarre beibringen (s. S. 94), bedarf keiner Erläuterung. Erwähnenswerter ist, daß

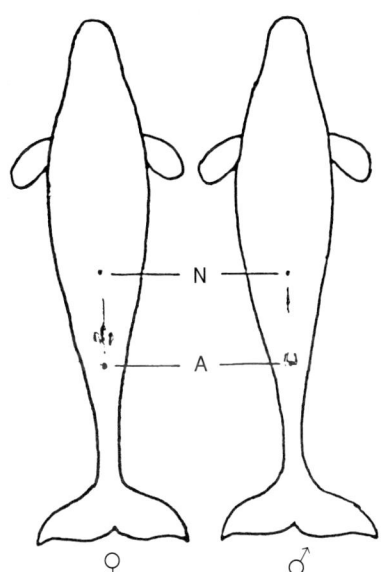

Abb. 37. Weibchen und Männchen des Weißwals von der Unterseite (schematisch).

sexuelle Aktivitäten von Cetaceen schon zum Entstehen von Art-, ja Gattungsbastarden geführt haben: Aus japanischen Ozeanarien sind mittlerweile nicht weniger als 16erlei Zahnwalkreuzungen bekannt geworden, darunter so verblüffende Kombinationen wie Großtümmler mit Schwarzem Schwertwal; auch im normalen Lebensraum sind solche Kreuzungen z. B. des Dusky-Delphins (Lagenorhynchus obscurus) beobachtet worden. Barthelmess entdeckte beim isländischen Walfang sogar ein Tier, dessen Vater ein Finnwal und dessen Mutter ein Blauwal war.

Bei den Großwalen dauert die Vereinigung – auch dies Huftierverhältnissen entsprechend – nur wenige Sekunden, zumal wenn sich die Tiere – wie für Buckel-, Finn- und Pottwal dargestellt – Bauch an Bauch und mit den Flippern »umfaßt« über die Meeresoberfläche emporstemmen (Abb. 38). In den meisten Fällen schwim-

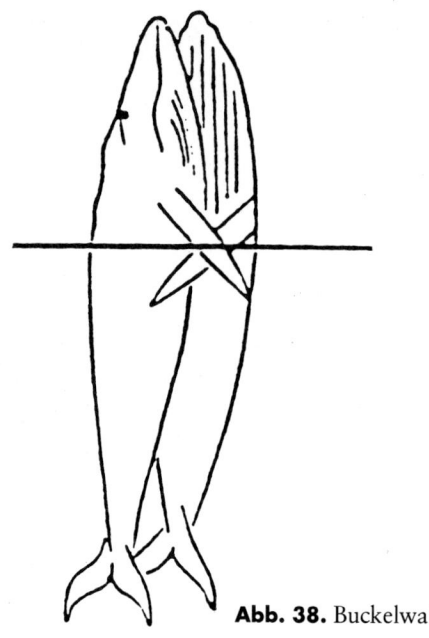

Abb. 38. Buckelwalpaarung.

men Wal oder Delphinmännchen und -weibchen jedoch
in Seitenlage mit einander zugekehrter Unterseite am
Wasserspiegel dahin, wobei dem kalifornischen Grauwal ein Drittpartner als »Widerlager« assistieren kann.

Daß das Herz des Blauwales »volkswagengroß«,
seine Zunge tonnenschwer werden, hat selten ähnliche
Beachtung gefunden wie die Penislänge der Großwale.
Alte Darstellungen gestrandeter Pottwalbullen rücken
»das 6 Fuß und 4 Zoll lange Gemächte« bzw. den »$8^1/2$
Fuß langen männlichen Schwantz« nicht zufällig in den
bildgeometrischen Mittelpunkt (Barthelmess u. Münzing
1991, s. Abb. 39). Walfänger mit Sinn für Exklusives
haben 2- bis 3-m-Penisse großer Furchenwale zur Herstellung von Lederwesten benutzt. – Nach der Paarung
bzw. Paarungszeit gehen die Männchen mancher Walar-

Abb. 39. Der oft dargestellte, 1598 bei Katwijk gestrandete Pott-
walbulle. Durch die mit dem Tod verbundene Muskelerschlaffung
tritt eine Art »Penisvorfall« ein; normalerweise wäre das Glied im
Körperinnern verborgen.

ten wieder auf Einzelkurs oder in Bullenherden zurück,
homosexuelle Aktivitäten können zumal in sog. Jungge-
sellenverbänden (»bachelor groups«) auftreten. Ist ein
Weibchen erfolgreich begattet bzw. trächtig geworden,
läßt die männliche Zudringlichkeit umgehend nach.

Tragzeit

Bei kleineren Zahnwalen wie Delphinen und
Tümmlern dauert die Tragzeit 10 bis 12 Monate; sie
dauert merkwürdigerweise auch nicht länger bei den rie-

sigen Bartenwalen[17]. Die längste Tragzeit sämtlicher Cetaceen findet sich beim Pottwal mit 16, beim Schwarzen Schwertwal mit 14–15 Monaten, nicht mehr als bei Nashorn oder Giraffe. Die Entwicklung im Mutterleib muß daher sehr rasch vor sich gehen. Walkälber kommen voll entwickelt und in erstaunlicher Größe zur Welt: Ein neugeborener Blauwal ist bereits 7 m lang und mehrere Tonnen schwer, Jungdelphine sind im Verhältnis zur Mutter sogar noch größer, nämlich bei einem Sechstel ihres Gewichtes fast halb so lang wie diese.

Geburt

Fast immer wird nur *ein* Jungtier geboren, Zwillinge sind so selten wie beim Menschen und wachsen wohl nie beide auf. Im Gegensatz zu anderen Säugern kommen Zahnwaljunge meist schwanzvoran, also »in Steißlage« zur Welt; Delphinariumsbeobachtungen an Großtümmlern, Belugas und Schwertwalen zeigen jedoch, daß auch (»normale«) Kopf-voran-Geburten möglich und lebensfähig sind. Nachdem die sog. Austrittsphase je nachdem die Fluke oder – seltener – den Kopf des Jungtiers zum Vorschein kommen läßt, kann eine manchmal über halbstündige Pause entstehen, bis – dank der Fischgestalt in der Regel »glatt« – der restliche Körper folgt. Ein Schwertwalweibchen der Seaworld Orlando unterstützte den Geburtsvorgang bzw. die Austreibungsphase durch Schleuderbewegungen des Hinterleibes.

---

[17] Normalerweise tragen sonst große Säuger länger als kleine, der Elefant z. B. 24 Monate, eine Maus 21 Tage.

»Geburtshilfe« durch *andere* Weibchen kommt im Wortsinne selten[18] vor oder ist jedenfalls nicht nötig: Der Atemreflex des unter Wasser geborenen Luftatmers setzt wie bei allen Säugern erst mit Zerreißen der Nabelschnur ein, und diese ist bei Walen ausreichend lang. Unterstützende Schnauzenstöße durch das Muttertier oder Begleitweibchen (»Hebammen«) sind möglich, aber nicht erforderlich; fast alle bisher beobachteten Neugeborenen vermochten aus *eigener* Kraft und Orientierung zum ersten Atemzug aufzutauchen.

Die Mutter-Kind-Beziehung ist bei den meisten Walen sehr eng. Während der ersten Wochen »klebt« das Junge seitlich, unter dem Bauch oder neben der Rückenfinne mitschwimmend wie ein Schatten am mütterlichen Körper und kann sich hier offenbar in hydrodynamischem Sog mitziehen lassen; ein energiesparendes Verfahren, das im Naval Oceans Center von Kailua/Hawaii ähnlich für das Bug- oder Heckwellen»reiten« erwachsener Tümmler nachgewiesen wurde. Viele Arten – selbst große Bartenwale – tragen ihre Kälber gelegentlich »huckepack«, auf der Rückenhaut chinesischer Glatttümmlerweibchen soll sich zu diesem Zweck sogar ein rutschfestes »Riffelmuster« ausbilden. Tote Walkälber – die Jungensterblichkeit während des ersten Lebensjahres liegt bei manchen Arten bei 50 % – werden u. U. noch längere Zeit umhergetragen, wie z. B. bei Tümmlerweibchen der portugiesischen Küste beobachtet wurde; sicherlich eine jener angeborenen Verhaltenskomponenten, die beim »Retten« Ertrinkender eine Rolle spielen (s. S. 62).

---

[18] Bei einer Fehlgeburt im Marineland of the Pacific soll ein weiblicher Weißseitendelphin (Lagenorhynchus) einem weiblichen Gewöhnlichen Delphin (Delphinus) geholfen haben, dessen abgestorbenen Fetus herauszubefördern, d. h. sogar gattungsübergreifende Hebammenassistenz geleistet haben.

Jungen-Betreuung

Konnte bzw. kann von eigentlicher Geburtshilfe (s. S. 113) kaum die Rede sein, ist Fremdweibchenunterstützung beim späteren *Betreuen* eines Jungtieres, bei seinem Umherführen und ggf. -tragen um so verbreiteter (Abb. 40 und 41). Daß ein junger Großtümmler von 2 Weibchen – der richtigen Mutter sowie einer »Tante« –

a

b

Abb. 40. a Großtümmlerkälber bleiben monatelang in engstem Körperkontakt zur Mutter; während des Schlafes können sie offenbar weitgehend durch hydrodynamischen Sog mitgezogen werden. **b** Bei vielen Arten – hier Schwertwal – wird das Jungtier von zwei Weibchen in die Mitte genommen, nämlich von der Mutter und einer »Hebamme« oder »Tante«.

a

b

Abb. 41 a, b. Weibchenherde des Weißwals. Einige Kälber »kle-
ben« seitlich am Muttertier, andere »reiten« auf dessen Rücken.

in die Mitte genommen wird, ist in Delphinarien mit Gruppenhaltung ein geläufiges Bild; auch daß »Tanten« ein Jungtier *allein* übernehmen und – selbst zum Säugen – kaum mehr hergeben wollen, ist nicht selten.

▓ Jugend-Entwicklung

Der raschen Entwicklung im Mutterleib entsprechend verläuft das Jungenwachstum auch nach erfolgter Geburt stürmisch. Ein junger Blauwal wächst in 7 Monaten etwa 9 m, pro Tag also 4,5 cm; in derselben Zeit verzehnfacht er sein Gewicht auf über 25 t, er nimmt also innerhalb von 24 h mehr als 2 Zentner zu. Die außergewöhnlich nahrhafte Walmilch besteht fast zur Hälfte aus Fett, auch ihr Eiweißgehalt ist doppelt so hoch wie bei Landsäugern. Säugende Bartenwalweibchen erzeugen täglich etwa 600 l der gehaltvollen Kost, die – dickflüssig wie Kaffeesahne, aber 5- bis 10mal fettreicher – dem Kalb unter Muskeldruck ins Maul gespritzt wird. Getrunken wird unter Wasser, und da das Junge zwischendurch immer wieder zum Luftholen auftauchen muß, legen sich Walmütter oft nahe der Oberfläche auf die Seite. Die gewöhnlich in 2 Bauchfalten (s. Abb. 42) verborgenen Zitzen treten mit Beginn der Säugezeit etwas hervor und können wohl auch einmal »selbsttätig« ein wenig Milch absondern. Dies scheint u. a. eine Voraussetzung für die kaum glaubhafte folgende Beobachtung zu sein: Ein Besucher eines US-Delphinariums soll eine Wolke Zigarettenrauch gegen ein Unterwasserfenster geblasen haben, worauf sich ein dahinter befindliches Delphinkalb einen Schluck Milch bei seiner Mutter geholt und diesen – von innen – seinerseits gegen die Scheibe »geblasen« haben; wozu es – von der bemerkenswerten Nachahmung als solcher abgesehen – »gewußt« bzw. schon einmal gesehen

Abb. 42. a Säugen eines
1 Tag alten Schwertwal-
kalbes in Sea World, Or-
lando/Florida. Das Junge
ist ungefähr 2,0 m lang
und 150 kg schwer.
b Bauchseite eines
säugenden Beluga-
weibchens. Die beiden in
wulstigen »Taschen« ver-
borgenen Zitzen flankie-
ren die längliche
Genitalfalte.

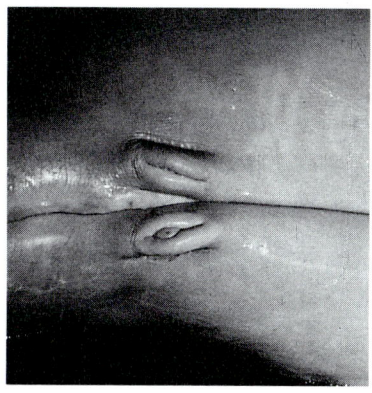

haben müßte, daß »freie« Milch unter Wasser eine »Wolke« ergibt.

Mit Ausklingen der Säugezeit, Grindwalweibchen säugen bis 5, manchmal sogar bis 8 Jahre lang (Kasuya et al. 1993), ziehen sich die Zitzen mehr und mehr zurück. Junge langschnäbliger Arten sieht man dann suchend in den mütterlichen Bauchfalten »herumstochern«; ein Flußdelphinweibchen des Duisburger Zoos legte sich schließlich flach auf den Bassinboden, um diesen Belästigungen zu entgehen.

▨ Vermehrung

Obwohl einige Zahn- wie Bartenwalarten der Geburt eines Jungtieres Begattung und nächste Trächtigkeit unmittelbar folgen lassen (s. die saisonalen Züge von Weißwal, Grauwal, Blauwal u. a. zu simultan als Paarungs- und Kalbegründe bzw. Hochzeits- und Wöchnerinnengefilde benutzten wärmeren Gewässer), ist die Vermehrungsrate der Cetacea insgesamt gering bzw. ihre Abfolge langsam: Meist kommt es erst *nach* beendeter Säugezeit zu erneuter, erfolgreicher Paarung, wobei etwa Pottwalweibchen noch eine 8- bis 9monatige »Erholungspause« einschieben können. Viele Walarten bringen daher nur jedes 2. oder 3., der Pottwal sogar nur jedes 4. Jahr ein Junges zur Welt, trotz rascher Embryonal- und Säuglingsentwicklung bleibt der Bestandszuwachs mithin begrenzt. Mit Ausnahme des mit 14 Monaten geschlechtsreifen Kleintümmlers werden größere Arten erst im Alter von 5, 10 oder noch mehr Jahren fortpflanzungsfähig, viele Walkühe dürften im Laufe ihres Lebens daher höchstens 10–12 Kälber austragen, allenfalls 5–6 davon dürften ihrerseits bis zur Fortpflanzungsreife gelangen. Die Lebensleistung eines

Schwertwalweibchens soll nach neuesten Erhebungen sogar nur 4 Jungtiere betragen. Gegenüber den wenigen natürlichen Feinden war diese (für eine relativ hohe Lebenserwartung sprechende) Geburtenrate sicherlich ausreichend, mit technisiertem Massenfang jedoch konnte sie selbstverständlich nicht Schritt halten (s. S. 140).

10 Wanderungen und Strandungen

▨ Wie weit und wohin?

Die Vorstellung vom »ungebunden schweifenden Wildtier« ist trotz Hedigers (1942, 1963) klassischer Gegenbefunde noch immer weit verbreitet: Fast jeder hält das von Reviergrenzen, Zeitgrenzen, Konkurrenzdruck und anderen Sachzwängen gestreßte Zebra, Reh oder Rotkehlchen für »frei«, und somit erst recht den Delphin in der Weite des Ozeans.

Doch diese Weite ist keine andere als die des Himmels, für dessen Vögel sich trotzdem genaue Verbreitungs- bzw. individuelle Wohnquartierkarten zeichnen lassen. Auch für Walarten und -populationen gibt es Vorkommensgrenzen, -lücken und -schwerpunkte, von richtungs- bzw. sinnlosem Umherschweifen kann also nicht die Rede sein. Daß wir Kosmopoliten wie Schwert-, Pott-, Blau- oder Buckelwal in allen Weltmeeren eingezeichnet finden, bedeutet nur die theoretische Möglichkeit, ihnen beim nächsten Sylt- oder Rügen-Urlaub zu begegnen: Die sog. weltweite Verbreitung ist ein weitmaschiges Netz einzelner Zentren, die dem heutigen Whale-watching-Tourismus wohlbekannt aber durch oft nur von »Irrgästen« überbrückte Lücken getrennt sind. Wer den »sämtliche Meere bevölkernden« Schwertwal,

Pottwal oder Buckelwal mit einiger Sicherheit zu treffen wünscht, muß ganz bestimmte Seegebiete Kanadas, Madeiras oder Hawaiis ansteuern; in anderen Gebieten könnte er hunderte Seemeilen vergeblich absuchen, da es scheint, daß schon einige Walpopulationen selbst den Kontakt untereinander verloren haben.

Die Ortstreue bzw. -gebundenheit küsten-, fjord- oder deltabewohnender Arten wurde bereits erwähnt. Den Nonresidents des Schwertwales (s. S. 94) bedingt vergleichbar, sind gelegentlich – anderer Ökotyp? – auch Einzeltrupps des eigentlich schelfbewohnenden Groß-tümmlers auf hoher See anzutreffen; dies ist jedoch keineswegs normal und ein »sinnloses« Umherschwimmen erst recht nicht. Selbst der durch seine über 1000 Köpfe zählenden Herden (»Schulen«) bekannte, besonders mobil anmutende Fleckendelphin (Stenella attenuata) legt im Tagesdurchschnitt kaum mehr als 70 km zurück. Markierte Delphine hielten sich innerhalb eines Umkreises von 5 km in 2–6 m Meerestiefe auf.

Sofern Vertreter der insgesamt »häuslichen« Ordnung dennoch weiträumige Wanderungen unternehmen, geschieht dies in vorgegebenen zeitlich-räumlichen Grenzen. Für einige typische Bartenwale werden die Grenzen durch den Lebenszyklus des Krills (s. S. 96) bzw. ihre darauf abgestimmte eigene Fortpflanzungsbiologie markiert (Abb. 43 a): Zum Fressen bzw. zur Krillsaison suchen sie die Antarktis auf, zum Kalben und Hochzeiten warme Flachwasserbuchten der Äquatorzone, was in ungefähr Halbjahresabstand je eine Nord-Süd- bzw. Süd-Nord-Reise[19] von mehreren 1000 km bedeutet. Während Vielfalt und Üppigkeit landgebundener Le-

---

[19] Nord-Süd-Nord als Generalrichtung; durch Ost- und Westdriften, Strömungen und unterschiedliche Krillverteilung erheblich modifizierbar.

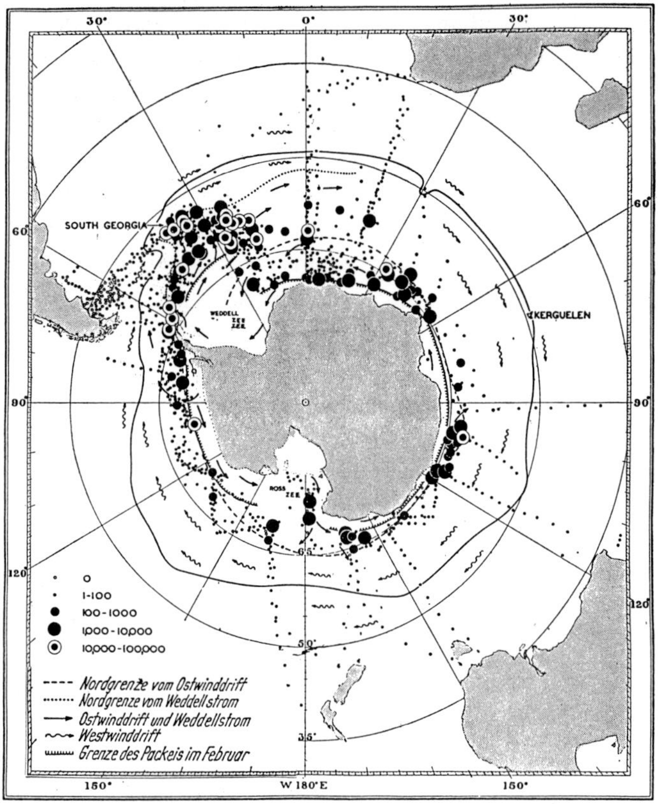

a

30° · 0° · 30°

60°

SOUTH GEORGIA

KERGUELEN

WEDDELL SEE

90°

ROSS SEE

60°

120°

120°

o O
· 1-100
● 100-1000
⬤ 1000-10000
◉ 10000-100000

--- *Nordgrenze vom Ostwinddrift*
····· *Nordgrenze vom Weddellstrom*
→ *Ostwinddrift und Weddellstrom*
∿ *Westwinddrift*
⎯ *Grenze des Packeis im Februar*

150° · W 180° E · 150°

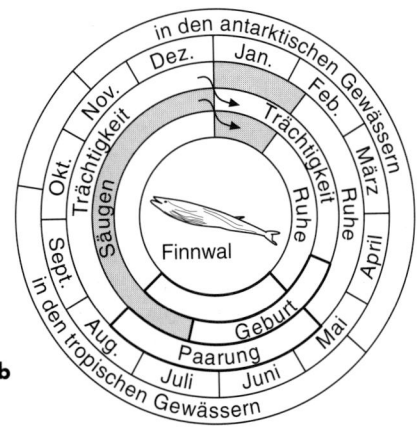

b

in den antarktischen Gewässern

Dez. Jan.

Nov. Feb.

Okt. März

Trächtigkeit Trächtigkeit

Sept. Ruhe April

Säugen Ruhe

Finnwal

Aug. Mai

Geburt

Juli Paarung Juni

in den tropischen Gewässern

122

bensformen auf die Tropen konzentriert scheinen, verhält es sich mit dem Nahrungsreichtum des Meeres eher umgekehrt: Hier sind gerade kalte Strömungen und Polarkreisregionen das plankton-, krill- und futterfischspendende Schlaraffenreich, speziell zur »Krillblütezeit« (s. S. 96) des antarktischen Sommers (ca. Ende Dezember bis Ende März). Den sich daraus ergebenden Ortswechsel- und Wanderrhythmus verdeutlicht das Schema Slijpers (Abb. 43 b): Gegen April treffen die Wale wohl»ausgefuttert« in Äquatornähe ein, wo sie sich fast ohne weitere Nahrungsaufnahme bis in den August der Fortpflanzung widmen. Im Herbst geht es wieder auf Südkurs, die Männchen ziemlich »abgekämpft«, einige Weibchen frisch trächtig, die anderen durch Saugkälber strapaziert und im Rückreisetempo verlangsamt. Mit nur noch dünner Speckschicht kehren sie zu den Futtergründen der Antarktis zurück, mästen sich dort aber bis zur Fortpflanzungszeit des nächsten Jahres rasch wieder auf.

Beim Grauwal führt die Futterwanderung nicht zum südlichen, sondern zum nördlichen Polarkreis und hat statt schwimmend-schwebender (Euphausia) grabend-bodenbewohnende Krebschen zum Ziel (s. S. 102); zur Vermehrung – nicht über den Wendekreis des Steinbocks, sondern den des Krebses zwar – zieht es jedoch

Abb. 43. a Die Wanderungen der Blau- und anderer Furchenwale richten sich nach der »Blütezeit« des Krills in den antarktischen Gewässern von Januar bis März. Die Größe der Tüpfel bildet ein Maß für die Zahl der Tierchen, die mit einem Zug eines Planktonnetzes von 1 m Durchmesser an der Oberfläche des Wassers gefangen wurden. **b** Schematische Darstellung des Wechsels von Futter- und Fortpflanzungszeit bzw. der regelmäßigen Wanderungen zwischen Antarktis und Äquatorregion beim Finnwal.

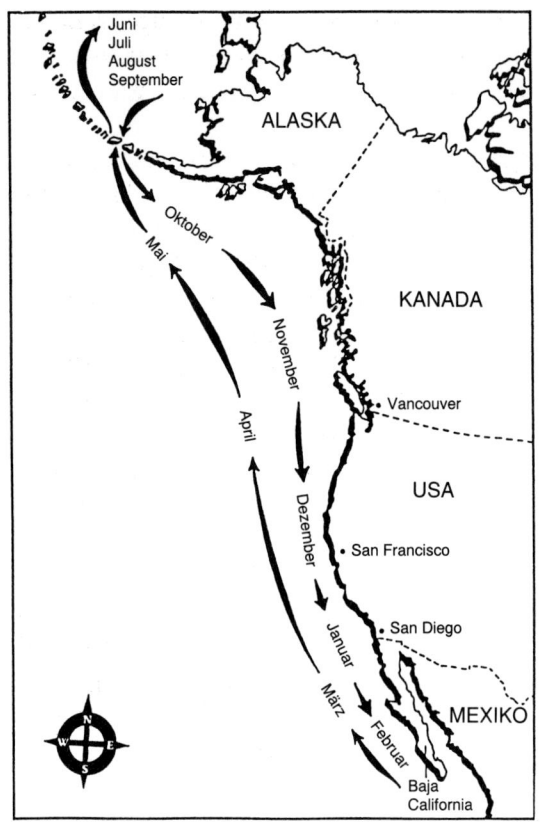

Abb. 44. Der Wanderweg des Grauwals.

auch den Eschrichtius Richtung Äquator (Abb. 44). Daß zum Kalben wärmere Gewässer – vom arktisch-subarktischen Beluga (Odontoceti) z. B. Flußmündungen – aufgesucht werden, gilt als Vorkehrung gegenüber dem mit einer Säugergeburt für die Mutter verbundenen Wärmeverlust; auch die Jungtiere selber, deren Kleinheit ihre Oberfläche (relativ) größer und insgesamt kälteempfindlicher macht, sollen von gemäßigter »Wochen-

stubentemperatur« profitieren. Nur wenige Kaltwas-
serarten wie z. B. der Grönlandwal scheinen sich auch
zur Geburtszeit kaum von der Packeisgrenze zu ent-
fernen.

Die jahreszyklischen Wanderungen sind nicht nur
besonders lang und gut untersucht (s. Abb. 44), sondern
besonders übersichtlich, da die Tragzeit exakt 12 Monate beträgt: Südwärtsstart ab Alaska im September/Ok-
tober, Ankunft in Mexiko/Kalifornien Ende Dezember,
Rückreisebeginn   Mitte   Februar.   Südwärts-Reise-
geschwindigkeits-Tagesdurchschnitt   (*ohne*   Kälber)
185 km, Nordwärts-Tagesmittel (*mit* Kälbern) 80 km.
Uneinheitlicher bzw. unerforschter ist das Bild vieler anderer Walarten. Die Buckelwale der Südhalbkugel scheinen in mehr als ein halbes Dutzend Einzelpopulationen
(Westaustralien, Ostaustralien, Samoa-Inseln usw.) mit
jeweils eigenen Routen Richtung Chile, Argentinien, An-
gola, Madagsakar usw. zergliedert zu sein, Grindwal-
wanderungen können sowohl in Ostasien wie der nördlichen Nordsee in alljährlich gleichen, alljährlich
blutgeröteten Buchten enden; sicher kein Zeichen besonderer »Intelligenz» (s. S. 58), aber von Ortstreue und Be-
ständigkeit.

Zuverlässigen Aufschluß über die Wander-(und
Lebens-)Wege von Walen liefern *Markierungen*, deren
Prinzip der Vogelberingung entspricht. Großen Bartenwalen wurden erstmals Mitte der 30er Jahre (problemlos einheilende) Nummernpfeile in den Speck oder in die
Muskulatur geschossen, netzgefangenen kleineren Zahnwalen lassen sich auf der Rückenfinne sogar Kaltbrand-
kennzeichen anbringen, die nach Wiederfreilassung mit
dem Fernglas abgelesen werden können. Für den rük-
kenfinnenlosen Beluga sind spezielle Farbbänder entwikkelt und im Duisburger Walarium auf Hautverträglich-
keit getestet worden. – Exakte Dauerkontrollen

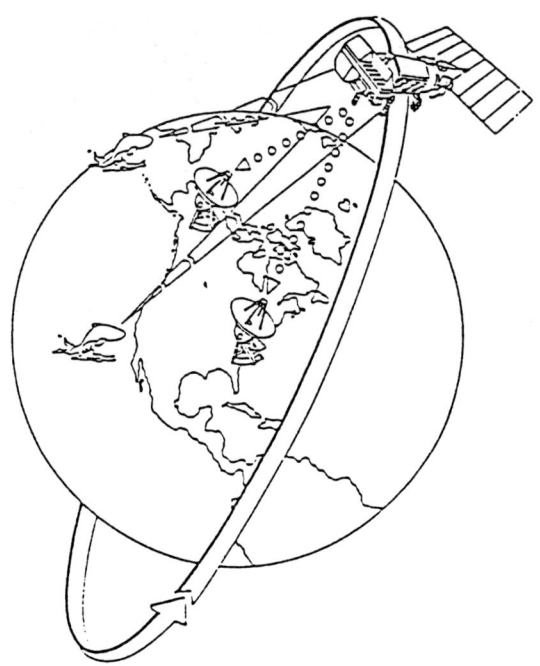

Abb. 45. Genaue Individualkontrolle von Walwanderungen erfolgt heute mit Hilfe von Satelliten.

ermöglicht der Einsatz von Satelliten (s. Abb. 45), wozu die betreffenden Individuen mit kleinen, nur während des Auftauchens funktionablen Sendern (»radio tags«) ausgestattet sein müssen.

Das Phänomen der Walstrandungen

Mit Wanderungen oder jedenfalls Auswärtsaufenthalten hängt das Phänomen der Walstrandungen zusammen, insbesondere die sog. Massenstrandungen. Innerhalb vertrauter Wohngewässer wird es kaum registriert, zumal nicht bei fjord-, hafen- oder küstengewohnten Formen. Walarten, die von selber Flachwasserzonen – z. B. zum Kalben – aufsuchen, mit den Tangmassen schlammiger Buchten »spielen« (Grauwal) oder ihrer Beute bis auf den Strand folgen (Schwertwal, Delphine), neigen anders als Hochseeformen selten zu Panik, wenn das »Wasser unter dem Kiel« einmal knapp wird. Belugas, die sich zur Fortpflanzung in der Gezeitenzone subarktischer Flußmündungen aufhalten, überdauern unbeschadet, wenn sie durch vorzeitige Ebbe in einer Schlickpfütze zurückbleiben; in der östlichen Hudson-Bay konnten bei solcher Gelegenheit einmal mehrere 100 Tiere gleichzeitig markiert werden (Sergeant, zit. nach Gewalt 1976). Es ist daher kein Zufall, daß in den Medienberichten (Abb. 46) über Massenstrandungen fast ausschließlich von »Sprintern« oder jedenfalls Hochseeformen die Rede ist, und zwar bevorzugt immer wieder vom Pilot- oder Grindwal (Globicephala), dem Schwarzen Schwertwal (Pseudorca) und – nicht ganz so häufig – dem Pottwal. Daß so gut wie niemals Bartenwale betroffen scheinen, ist gleichfalls kein Zufall, sondern ein Hinweis darauf, daß die o. a. Strandungen mit (gestörter) Echoortung (s. S. 49 ff.) zu tun haben müssen, die den Mysticeti bekanntlich fehlt.

Massenstrandungen sind keine Erscheinung der Neuzeit, wohl aber wurden erst durch neuzeitliche Kommunikationsmittel weltweite Spekulationen über die Ursachen der »rätselhaften Tiertragödie« (Massenselbstmord? Magnetfeldstörung?) in Gang gesetzt. Dabei dürften die biologischen Zusammenhänge relativ einfach sein:

Massenstrandungen betreffen in »Massen«, d. h. in Herden bzw. »Schulen«, jedenfalls in eng verknüpften Sozialverbänden lebende Arten; dadurch kann bereits durch *einen* gestrandeten Wal eine Kettenreaktion für

Abb. 46. Zeitungsmeldungen zum Thema Walstrandungen.

dutzende oder gar hunderte weiterer Wale eingeleitet werden. Gründe, derentwegen ein einzelner Wal auf Strand laufen könnte, gibt es viele: Fernseh- und Zeitungsbildern nach ereignen sich die meisten Strandungsunfälle an *Flachküsten,* deren konturenarm-weiche Schlickufer Ortungstöne verschlucken bzw. nur als unklare Echos zurückgeben; Geräusche und Sandaufwirbelungen eventueller Brandung verwischen das akustische Bild zusätzlich. – Andere Navigationsschwierigkeiten kann die Echoortung vor Flußmündungen erfahren, wo die Grenze zwischen schwebstoffreichem Süß- und klarem Seewasser eine (akustische) »Wand« vortäuschen kann. – Da im Großhirn der Wale, ähnlich wie bei (Brief-)Tauben, magnetische Eisenoxydkristalle (Magnetit) gefunden werden, wird sogar ein Bezug zu den erdmagnetischen Feldstärken des Meeresbodens diskutiert (Klinowska 1988), die den Wanderweg einer Walschule dort in die Irre oder gar auf den Strand lenken könnten, wo die unterirdischen Leitlinien durch eine geologische Verwerfung »verbogen« sind. Auf jeden Fall gibt es entlang mancher Walwanderwege, ähnlich unserer Verkehrsstatistik, bestimmte Unfallschwerpunkte. Eigentlich nur Schwerpunkte navigatorischer «Kniffligkeit» werden sie für echoortungsmäßig gehandikapte Tiere zum unüberwindlichen Hindernis.

»Die bei weitem häufigste Ursache von Walstrandungen ist in Erkrankungen der Tiere, vor allem in Parasitenbefall zu suchen ... Die unmittelbarste Schadwirkung dürfte von jenen Parasiten ausgehen, welche die zur Ultraschallortung nötigen Organe selbst befallen, nämlich in Gehörgang und Mittelohr auftreten. Die etwa 27 mm langen Würmer Stenurus globicephalae werden schon bei Delphinkälbern gefunden und können später in ganzen Knäueln – bis zu 3300 bei einem Tümmler! – alle Hohlräume des Kopfes ausfüllen« (Gewalt in Grzimek 1987).

Nun ist Parasitenbefall an sich noch keine Katastrophe, in gewissen Grenzen sogar normal; dennoch kann er weitreichende Folgen haben, wenn an einer einzigen heiklen Uferstelle ein einziger Wal für einen einzigen Augenblick durch einen einzigen Wurm ins ortungsmäßige Stolpern gerät, d. h. auf Strand läuft. Hochseesprinter geraten dann – anders als der küstenkundige Beluga – rasch in Panik; ohnehin heizt sich ihr speckisolierter Körper außerhalb des Wassers zu einem lebensgefährlichen »Schwitzkasten« auf, die sandverkrustete Haut trocknet ein, schwerere Arten erdrückt bzw. erstickt das eigene Gewicht, da ihre Skelettsteifigkeit für einen Landaufenthalt nicht ausreicht. Ins Meer zurückgewälzte Wale zeigen oft Druckschäden an Lungen und Eingeweiden, Rippenbrüche und Hautablösungen. Zoodelphine werden für Landtransporte daher durch besondere Schaumgummikorsetts gestützt, gekühlt, bewässert und zuvor eingecremt.

Daß sich aus dem Navigationsfehler bzw. Ortungsproblem eines (parasitengeschädigten) Einzeltieres bzw. dessen Einzelunfall eine Massenstrandung entwikkelt, hängt mit waltypischen Herden- und Verhaltensstrukturen zusammen; mit »einem Leithammel folgen« oder dem Lemmingen nachgesagten »gemeinsam in den Abgrund stürzen« haben sie wenig zu tun. Wie andere Tiere verfügt ein verfolgter, verunglückter Wal über bestimmte Notsignale, die von seinen Artgenossen als SOS-Ruf verstanden werden. Wie gelegentlich bei Schimpansen und Elefanten beobachtet, können sie bis zum Versuch unmittelbarer Hilfeleistung – z. B. stützendes In-die-Mitte-Nehmen – führen, fast immr aber haben sie das Ergebnis, daß sich die Gruppenmitglieder am Unfallort versammeln. Ob oder wieweit dies aus »Neugier«, »Mitleid«, »Helfenwollen« oder ähnlichem geschieht, kann hier offenbleiben.

»Bei einer Vielzahl höherer Wirbeltiere ist für uns selbstverständlich, daß auf Ertönen eines Not-, Klage- oder Hilferufes des/der Jungen die Mutter unter Inkaufnahme erheblicher Eigengefährdung herbeieilt; bei den Walen würde es sich demnach 'nur' um die Erweiterung dieses Prinzips über die Mutter-Kind-Ebene hinaus handeln.

Sobald und solange ein Wal – in seiner Weise selbstverständlich, also für uns unhörbar – SOS sendet, drängen die übrigen Herdenmitglieder in seine Nähe; laufen sie dabei ihrerseits auf Strand, geben sie ebenfalls Notrufe ab – eine Kettenreaktion, die rasch die ganze Gruppe ins Unglück zieht und erklärt, weshalb menschliche Rettungsversuche meist erfolglos bleiben: Falls nicht das kaum Mögliche gelingt, alle Opfer einer Massenstrandung gleichzeitig wieder ins Meer zu schleppen, falls nur ein einziger Wal übrigbleibt, um nach Hilfe zu rufen, ist der Teufelskreis kaum zu durchbrechen« (Gewalt in Grzimek 1987).

Deutlich sind diese Zusammenhänge auf Lebendfangexpeditionen des Duisburger Zoos geworden: Sobald hier einzelne Belugas, Inias oder Jacobitas zwar nicht gestrandet, aber in Netzschlingen geraten waren, wurden sie unfreiwillig zu Lockvögeln, deren Signale weitere Artgenossen zum Unfallort zogen.

11 Jagd – Fang – »Gemetzel«?

Entwicklung des Walfangs

Bis zur Gründung der Delphinarien war es der Walfang, dem Biologen ihre Kenntnisse, die Cetologie ihr Fundament verdankten; vorwiegend anatomisch-morphologische, aber unverzichtbare Grundlagen.

Selbst für den heute manchmal angezweifelten wissenschaftlichen Walfang gibt es noch eine Fülle von Fragen, die sich durch Delphinariumsscheiben oder Schlauchbootausflüge nicht lösen lassen. Eigenlicher Inhalt des (klassischen) Walfangs war aber selbstverständlich das Beutemachen, d. h. Nahrungs- und Rohstoffgewinn.

Daß wir Menschen einen Teil des periodischen Zuwachses bestimmter Naturgüter ernten bzw. verbrauchen, ist ein uralt vorgegebenes biologisches Reglement. »Walfang« zählte gleichfalls zu diesen Selbstverständlichkeiten und hätte es bleiben können, wenn seiner biologischen Normalität nicht nacheinander 2 unbiologische Trends in die Quere gekommen wären: der entscheidende erste bestand darin, daß sich der Walfang der Segelschiffzeit gegen Ende des vorigen Jahrhunderts in eine hochtechnisierte Vernichtungsindustrie verwandelte, statt nach »Minkies« und »Humps« »Waleinhei-

ten« abrechnete und in wenigen Jahrzehnten mehrere
Arten an den Rand der Ausrottung brachte. Der
dadurch ausgelöste zweite Trend geht ins gegenteilige
Extrem und erhebt den Exrohstofflieferanten »Wal«
zum Naturschutzfetisch und erklärt das zu »Gemetzel«
oder »Massaker«, was an anderer Stelle erprobter Be-
standsbewirtschaftung entspricht. (Unter der vorbildli-
chen Jagdgesetzgebung Deutschlands werden alljährlich
730 000 Rehe erlegt, weitere 80 000–100 000 überfahren). Das Thema »Walfang« soll hier auf Fakten begrenzt werden:

Wal und Delphin finden sich schon in Felszeich-
nungen der Steinzeit. Der Frühmensch, der sich an
Mammut und Höhlenbär wagte, ließ auch die Wale
nicht unbeachtet; Walnutzung ist so alt wie die Geschichte der Menschheit. Mag es sich in den Uranfängen
noch um Zufallsbeute wie gestrandete, eisumschlossene,
in Ebbe-Prielen zurückgebliebene Exemplare gehandelt
haben, so war doch der Weg zu aktiver »Jagd« nicht
weit. Jagd mit Lanzen und Knochenharpunen, mit
Schlingen und Netzen (Japan), mit reusenartigen Pfahl-
zäunen[20], oder vielleicht nur mit einem Holzpflock zum
Verstöpseln des Blasloches, wenn man Abb. 47 Glauben
schenken will. Wo Land und Meer sich mit Fjorden und
Klippen verzahnen, wo sich die Tiere dicht unter der
Küste zu Wanderzügen, Futtersuche und Fortpflanzung
zusammendrängen, entstand der Walfang beinahe von
selbst. Auch als »nur« Küstenwalfang verlangte er Mut
und Geschick, war jedoch hohen Einsatzes wert: ein er-
beuteter Wal garantierte monatelange Versorgung der
gesamten Sippe (Abb. 48).

---

[20] Stationäre Belugafallen in kanadischen Flußmündungen (Gewalt 1976) sind auch ein Hinweis auf die »Ortstreue« vieler Cetaceen und ihrer Wanderwege.

Abb. 47. Indianisches Bravourstück oder zeichnerische Phantasie? Walfang an der amerikanischen Küste durch Zustöpseln der Blaslöcher.

Im europäischen Walfang traten ab dem 2. Jahrhundert die Basken hervor, zunächst »vor ihrer Haustür« Biskaya, dann weiter und weiter nach Norden ausholend. Darüber wurde aus dem ursprünglichen Küstenbetrieb ein Überseeabenteuer (Abb. 49) und der »Baskenwal« oder »Baleine des Sardes« (= Nordkaper, s. S. 80) immer seltener. Den arktischen, noch wertvolleren »Bogenkopf« (s. S. 79) – auch er ein langsamer, zutraulicher »right whale« – ereilte das Geschick wenig später: mit Erfindung des Kompaß' fand nun nur noch die Endphase der Waljagd im Ruderboot statt. Die Fangreisen führten teilgedeckte Schiffe nach Grönland, Spitzbergen oder Jan Mayen, 200 Jahre vor Kolumbus

Fang von Schwarzfischen an der Küste von Nantucket in Massachusetts.

Abb. 48. Walfang wurde anfänglich vor allem als Küstenwalfang betrieben. Der Ausdruck »Schwarzfisch« würde eigentlich den Grindwal bezeichnen, während der Zeichner eher Pottwale (?) dargestellt hat. Insgesamt handelt es sich wohl um eine Art künstlicher Massenstrandung, wie sie noch heute ähnlich auf den Färöern praktiziert wird.

übrigens auch schon in die Neue Welt. Wenn sich das baskische Monopol ab dem 15./16. Jahrhundert durch Holland und andere Walfangnationen auch mehr und mehr unterlaufen sah, blieb es doch lange Zeit Brauch, Basken wenigstens als Fangmänner mitzunehmen; eine Rolle, die später die Friesen von Borkum, Föhr, Sylt und Amrum, nach mehreren Jahrhunderten die norwegischen Harpunenkanoniere der Moderne übernahmen.

Für den Frühmenschen war ein erlegter Wal eine Überlebens- oder wenigstens Überwinterungsgarantie für seine gesamte Gruppe: Für die seefahrenden Nach-

Abb. 49. Dem Küstenwalfang folgte – über immer größere Entfernungen mit immer größerer technischer Perfektion – der Hochseewalfang.

folger wurde der Walfang zum »zoologischen Goldrausch« (Abb. 50). Jakuten, Kamtschadalen und voran Eskimos wußten vom Wal buchstäblich alles zu verwerten: Knochen, Barten, Sehnen und Fasern für den Haus-, Schlitten-, Boots- und Werkzeugbau, Haut und Eingeweide – sofern nicht frisch verzehrt – als Deck- und Verpackungsmaterial, Fleisch und Speck oder Tran als Lebensgrundlage und wichtigster Energielieferant. Die walfettgespeiste Lampe diente im Iglu nicht nur als Licht-, sondern als Wärmequelle. »Blubber« war der Lebensmotor der Arktis, auch für die »zivilisierte Welt« stellten Walöl und Fischbein (= Barten) weit mehr als Luxusartikel dar, bevor Petroleum und Kunststoff ihren Siegeszug antraten.

Als Mitte des 19. Jahrhunderts erste US-Ölquellen ihren Betrieb aufnahmen, hatte auch – aller Moby-Dick-

Abb. 50. Neben den großen Bartenwalen haben von jeher auch kleinere Zahnwale inkl. Delphine zum Gegenstand des Walfangs gehört. – Weißwale vor einer (inzwischen geschlossenen) Verarbeitungsfabrik.

137

Romantik, Scrimshaw-Kunst[21] und Abenteuerlust zum Trotz – der amerikanische Walfang bereits schwere Tribute gefordert. Der zum »Teufelsfisch« degradierte Grauwal der Pazifikküste war seiner Ausrottung schon gefährlich nahe, die Verfolgung des Pottwales erstreckte sich über das ganze Jahr und den ganzen Globus. Zur Geschichte des Walfanges muß auf Harrison Mattews (1968), R. Ellis (1991), das Whaling Museum von New Bedford/Ma. oder die »Walfängertreffs«, -sammlungen und -publikationen von K. Barthelmess verwiesen werden. Hier ist allein drei historisch-technischer Entwicklungen zu gedenken:

Die vom Ruderboot oder Kajak aus *handgeschleuderte* Harpune (= eine Lanze mit lose aufgesteckter Spitze, deren Widerhaken im Walkörper stecken und mittels einer Leine mit dem Boot verbunden blieben) wurde erst durch das *Harpunengewehr,* danach durch ein »bazooka«artiges Gerät und um 1870 von der *Harpunenkanone* abgelöst (Abb. 51).

Gleichzeitig hatten Tempo und Reichweite der Walfangschiffe durch modernen Dampfantrieb derart gewonnen, daß auch die schnellen Furchenwale gejagt werden konnten und die Jagdgründe der Antarktis zugänglich wurden. Zunächst stützten sie sich noch auf südpolnahe Landstationen, ab 1925 auf die schwimmenden Fabriken sog. Walfangmutterschiffe.

Hintergrund dieses Aufwandes war die dritte Entwicklung, die Wilhelm Normann 1905 erstmals gelungene chemische Umwandlung ungesättigter in gesättigte Fettsäuren (= »Fetthärtung«). Als Lampenöl seit Petroleumimport und Elektrifizierung von stetig schwinden-

---

[21] Eingravierte bildliche Darstellungen auf Pottwalzähnen; beliebte, z. T. zu beachtlicher Kunstfertigkeit entwickelte Freizeitbeschäftigung an Bord.

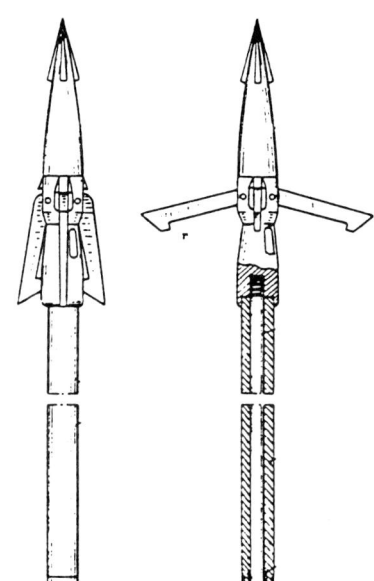

Abb. 51. Neben der Harpunenkanone von Sven Foyn gab es Versuche mit einer Elektroharpune.

der Bedeutung, machte Normanns Entwicklung Waltran wieder zu einem der wichtigsten Rohstoffe: Nicht nur die Seifen-, Leder-, Linoleum- oder Kunstharzindustrie, sondern auch Margarinehersteller nutzten ihn vielfältig.

Wenn sich heutigen Wohlstandsregionen und -generationen »Walfang« nurmehr als bioökologische Barbarei gnadenloser Profitgier darzustellen pflegt, darf nicht vergessen werden, daß es zu anderen Zeiten oder in anderen Regionen Mangel gegeben hat. Auch hatten die neuen Waltötungstechniken (Mitchell et al. 1986) durchaus ihre »humanitären« Vorzüge: Die alte Handharpune mußte aus nächster Entfernung geworfen und das offene, zerbrechliche Fangboot dazu nicht selten in Reichweite der mächtigen Schwanzfluke gerudert werden; saß die Harpune im Rückenspeck fest, lief das sorgfältig ausgerollte Hanfseil aus, und eine mehr oder weniger lange Schnellfahrt im Schlepp des flüchtenden Tieres folgte. Da Richtung und Straffheit des Seils verrieten, wann und wo der Wal das nächste Mal auftauchen würde, versuchte man, zur rechten Zeit an der rechten Stelle zu sein, um weitere Harpunen anzubringen, bis dem immer weiter Ermatteten Lanzenstiche beigebracht werden konnten, von denen einige schließlich zum Ende führten. Auf einem Wandgemälde des New Bedford Whaling Museum ist der Pottwal Moby Dick von verbogenen, z. T. jahrelang mitgeschleppten Harpunen- und Lanzenresten »wie ein Nadelkissen« gespickt, während ein »grausames« Sprengprojektil das Drama innerhalb von Sekunden beendet hätte. Ebenso vorteilhaft war ohne Frage, daß moderne Schiffstechnik die Beute tatsächlich 100%ig zu verwerten vermochte, d. h. nichts ranzig werden und kein Stück Knochen und keinen Fetzen Gewebe verkommen ließ.

Das eigentlich Negative des Walfangs bestand darin, daß, ohne ausreichende Kenntnis von Bestandsstärken und -entwicklungen, zu schnell zu viele Tiere entnommen wurden. Schon mit Segelschiff, Ruderboot und Harpune hatte es »nur weniger Jahrzehnte bedurft, um ganze Meeresteile zu entvölkern und zumindest die Glattwale so weit auszurotten, daß weitere Fangreisen nicht mehr lohnten. Zwischen 1835 und 1872 waren 20 000 Walfangfahrzeuge im Einsatz und brachten über 10 Millionen Fässer Tran und Walrat ein; das entsprach einer jährlichen Rate von 3865 Pott- und 2875 Bartenwalen, denen noch 1/5 an verwundeten und entkommenen Walen hinzugerechnet werden muß, insgesamt also etwa 300 000 tote Wale« (Gewalt in Grzimek 1987). Schon Brehm klagte in seinem »Tierleben« von 1869, »daß bei solcher ebenso unbeschränkten wie unvernünftigen Verfolgung auch die früher reichsten Jagdgründe verarmen mußten«. Heute wissen wir, daß richtig betriebene Jagd keineswegs naturschutzwidrig sein muß, sondern – im Gegenteil – eine durchaus arterhaltende Bewirtschaftungsform darstellen kann; was jedoch Kenntnisse der Biologie, Ökologie und des »Managements« voraussetzt, die damals nicht vorhanden waren. Waren die baskische Biskaya von Glattwalen, die Eisfluten Spitzbergens von Grönlandwalen nacheinander leergeschossen worden, Kaliforniens Grauwalstrände verwaist, Kosmopolit Pottwal in Einzelpopulationen zersprengt, widerfuhr den Blau-, Finn- und anderen Furchenwalen die »Götterdämmerung der Antarktis« nunmehr im Zeitraffertempo: In der Saison 1930/31 wurden 40 201, 1937/38 46 039 Wale erlegt, wobei Fangsaison = Krillsaison jeweils knapp 3 Monate bedeutet. Mit solchen Zahlen konnte die Vermehrungsquote (s. S. 118) natürlich nicht Schritt halten, schon gar nicht der hauptsächlich betroffene Blauwal. Die aberwitzige Situation, stellenweise mehr Seefahrzeugen als Walen zu begegnen (bis zu 40 Walfangmutterschiffe gleichzeitig im Einsatz, jedes von bis zu 30 Fangbooten eskortiert), änderte sich erst mit dem II. Weltkrieg, eine durchgreifende Bestandserholung blieb jedoch aus. War man noch in den 20er Jahren von einem Blauwalbestand von ca. 210 000 Exemplaren ausgegangen, mußte die Art 1966 unter völligen Schutz gestellt werden; sie dürfte heute kaum 10 000 Stück, d. h. gerade noch 5 % der damaligen Menge zählen. Der Finnwal ging von ca. 450 000 auf gegenwärtig (geschätzte) 80 000, der Bukkelwal von 100 000 auf etwa 15 %, nämlich 15000 zurück. Von heute eventuell – noch oder wieder? – »nutzbaren« Arten scheinen beim Spitzkopf (Zwergwal) stabile Bestände vorhanden, sogar neue »ökologische Nischen« besetzt worden zu sein; die Situation bei Sei- und Pottwal ist dagegen unübersichtlicher.

Heutiger Walfang und Naturschutz

Zahlenangaben zur Bestandsstärke und -entwicklung sind eine der wichtigsten Voraussetzungen für wirksamen Wal- bzw. Naturschutz inklusive der Festsetzung oder Sperrung von Fangquoten und -gebieten. Begreiflicherweise sind solche Zahlen jedoch schon unter Land- oder Wattenbedingungen schwer beizubringen: Bei der scheinbar einfachen Aufgabe, den Rehbesatz schweizerischer Jagdreviere zu ermitteln, war die Anzahl der später erlegten Stücke 4- bis 5mal größer als die optisch veranschlagte. – Der Seehundbestand der Deutschen Bucht wurde 1935 auf 2000 Exemplare geschätzt, bis 1957 als Jagdwild behandelt und bei Beginn des Seehundsterbens (Infektion mit dem zur Gruppe der Staupeerreger zählenden Morbilli-Virus[22] 1988 auf »ca. 8000« beziffert. Während der inzwischen abgeklungenen Seuche sind dann über 18 000 Kadaver, aber nirgends nennenswerte Bestandslücken registriert worden. Fazit: Wenn schon Populationserhebungen mehr oder weniger ortstreuer heimischer Vierfüßer derart ungenau sind, dürfen Bestandsangaben für Wale erst recht Toleranzgrenzen beanspruchen; nicht als »Trost«, daß einige Bestandssituationen »vielleicht gar nicht so schlimm« seien, wohl aber als Ausdruck jener Skepsis, zu welcher Sachlagenkenntnis zwingt.

Tiere, die 90 % ihres Lebens mit 90 % ihres Leibes unter Wasser verbringen, sind schwierig zu zählen. Angebliche »Faustregeln«, welcher Anteil einer Walgruppe/schule/herde sich jeweils gleichzeitig zeigt, sind nach Art und Tätigkeit der Gruppe (Futtersuchen, Wandern, Ruhen usw.) höchst verschieden. Deshalb können

---

[22] 1991/92 auch Todesursache mehrerer hundert Delphine in griechischen Gewässern.

Bestandsangaben wie »175 000 Pottwale auf der Nord-, 350 000 auf der Südhalbkugel« nur Respekt hervorrufen.

Besondere Bedeutung haben Populationsschätzungen für internationale Abkommen, die sich mit Walschutz und -nutzung beschäftigen. Eine erste Vereinbarung walfangbetreibender Staaten kam 1936 zustande; seit 1946 hält die International Whaling Commission (IWC) jährliche Konferenzen ab, in denen anfänglich Fangquoten, -zeiten und -gebiete diskutiert, später immer mehr Walarten unter immer unfassenderen Schutz gestellt wurden. »Schutz« freilich oft nur im theoretischen Sinne, denn weder in der »Freiheit der Meere« noch innerhalb nationaler 12- bis 200-Meilen-Zonen besitzt die IWC irgendwelche Exekutivgewalt, zudem können IWC-Beschlüssen nicht zustimmende Mitglieder jederzeit ihren »Vereinsaustritt« erklären.

Daß mehr und mehr Nationen den Walfang dennoch eingestellt bzw. auf ein wenig Traditionspflege (»native hunting«), Wissenschafts- und /oder Delikatessenbedarf reduziert haben, hat statt bioethischer Public relations vornehmlich ökonomische Gründe: Ein Dreimaster des 17. Jahrhunderts konnte 20 Monate unterwegs und nur mit dem »Fischbein« von 3 oder 4 Bogenköpfen beladen sein, um trotzdem auf seine Kosten zu kommen – der Unterhalt einer durchtechnisierten Walfangflotte heutzutage ist viel zu teuer. Kommt statt einer einseitigen Stimmungsmache Sachkunde hinzu, ist die Sache der Wale nicht hoffnungslos; womit keineswegs nur Bartenwale gemeint sind.

Für die Naturvölker des Nordens waren Weiß- und Narwal Existenzgrundlage, seit es Überlieferungen gibt; ähnlich selbstverständlich haben Karibik- und Südseeinsulaner ihre Zahnwalarten genutzt. Im skandinavischen Walfang hatten bzw. haben Grind- und Schwertwal einen traditionellen Platz, die international stärkstverfolgteste Art war oder ist fraglos der Pottwal, obwohl sein »Spermaceti« zunehmend durch Jojoba-Öl[23] ersetzt werden dürfte. In dem russisch-türkischen Bereich des Schwarzen Meeres kamen bis 120 000 Delphine jährlich auf den Markt, und es besteht kein Anlaß zu Hysterie, wenn Bruchteile dieser Menge im »nur aus Küste bestehenden« Japan gegessen werden, wo man sie »in vorzüglicher Weise zubereitet« (Slijper 1961).

Fischfangmethoden als Gefahr für Wale

Einige pazifische Delphinarten sind inzwischen weniger durch den Walfang als durch das unbeabsichtigte Mitgefangenwerden bei der Netzfischerei betroffen; ein schon vom tümmlergefährdenden Reusenbetrieb der Ostsee altbekanntes Problem, das vor dem Hintergrund ständig zunehmenden Fischkonsums einer ständig zunehmenden Weltbevölkerung jedoch neue Dimensionen erhalten hat. Dabei geht es um 3 Netztypen und Fangverfahren:

In den für den nordpazifischen Lachsfang üblichen »gillnets« (Stellnetze) haben sich vornehmlich – bis zu 10 000 Stück jährlich – Dalls-Tümmler (Phocoenoides dalli) verfangen, denen freilich auch mit der Harpune nachgestellt worden ist. Die an Bojen stationären, durch Schwimmer (oben) und Gewichte (unten) senkrechten Netzwände halten Fische an ihren Kiemendeckeln, Delphine meist durch »Verheddern« fest; der Tod tritt bei

---

[23] Jojoba (Simmondsia california) = nußtragender Strauch kalifornisch-mexikanischer Halbwüsten.

den Fischen relativ langsam, bei Lungenatmern rasch durch Ersticken ein.

Weit höhere Verluste können durch den Thunfischfang mit dem »Ringwadennetz« entstehen. Das ca. 1 km lange, nicht stationäre Netz wird erst dann ausgebracht, wenn ein lohnender Fischschwarm entdeckt ist; wobei die Entdeckung oft (unfreiwillig) durch Delphine ausgelöst wird, die *gemeinsam* mit den Thunfischen Makrelenjagd betreiben. Vom Deck des Trawlers hinunter legt ein kleines, schnelles Beiboot das Netz zu einem Kreis aus, dessen schwimmergetragene Oberleine die Beute umzingelt, während ein Zug an der Unterleine den »Beutel« zum Meeresgrund abschließt. Als unerwünschter Beifang der vorrangig auf den Gelbflossenthun (»Yellowfin Tuna« Thunnus albacares; Körpergewicht bis 200 kg) abzielenden Fischerei geraten vor allem im Südpazifik fast regelmäßig Spinner-, Flecken- und/oder Gewöhnliche Delphine (Stenella longirostris, Stenella attenuata, Delphinus delphis) mit in diese Netze, wobei frühere Schätzungen die hierbei entstehenden Verluste auf – schwer vorstellbare – 250 000 oder gar 500 000 tote Tümmler jährlich bezifferten. Da schon Bruchteile solcher sinnlosen Vernichtung unakzeptabel wären, haben sich Fischereibiologen und Naturschutzbehörden alsbald um Abhilfe bemüht: Anfang der 80er Jahre wurde das Verfahren »Notausgang« eingeführt, durch das sich ein Teil der Oberleine so weit öffnen oder absenken läßt, daß die Delphine, jedoch nicht die Thunfische wieder hinausschlüpfen können (Abb. 52), Sachkunde und Geschick des Bedieners vorausgesetzt. Früher pflegten vom Netz umschlossene Fleckendelphine in steigender Erregung immer rascher in diesem zu kreisen – inzwischen sind manche Stenella-Herden des Ostpazifiks schon so oft in Thunfischnetze geraten, daß ihre »Routiniers« gewordenen Mitglieder gelassen abwarten, bis ih-

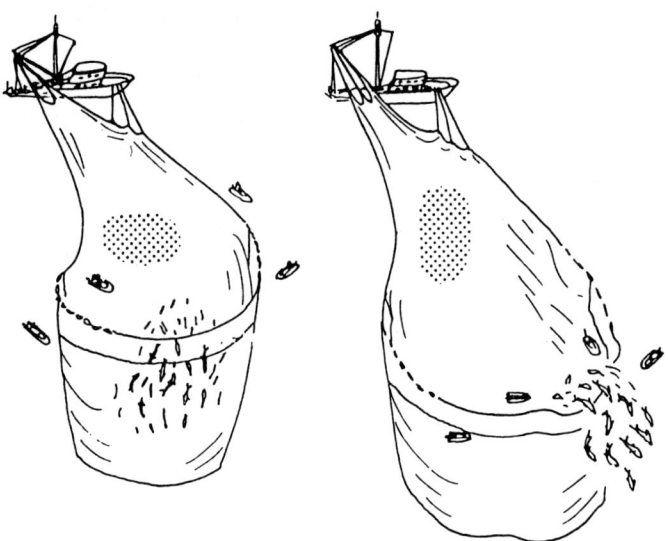

Abb. 52. Teilweises Absenken der oberen Netzkante ergibt einen »Notausgang«, durch welchen die beim »purse sein netting« zusammen mit Thunfischen gefangenen Delphine wieder ins Freie gelangen.

nen der Notausgang geöffnet wird. Delphintodesraten amerikanischer Thunfischer konnten dadurch auf ca. 10 % der früheren Zahlen reduziert werden, wieweit das »back-down«-Verfahren allgemein praktiziert wird, ist unzureichend bekannt.

Auch das dritte, jüngste Fangverfahren stammt aus dem Pazifik und wird unter »Todeswände«, »Geisternetze«, »Mörderzäune« u. ä. besonders kritisch diskutiert. Im Unterschied zu den oben beschriebenen (ortsfesten) Stellnetzen für den Lachsfang läßt man die neuen »ghost nets« als Treibnetze mehr oder weniger frei im Meer schwimmen: weitmaschige, feinfädige Nylonsperren, über deren Anzahl und Dimension immer erstaunlichere Angaben in Umlauf gelangten. Da wurden zunächst »bis zu 15 km lange Treibnetze in die See gelassen, was allein schon fünf Stunden dauerte. Rund vier Stunden blieben die Todeswände im Wasser, dann wurden sie an Bord gehievt. Gegen acht Uhr morgens war die Arbeit getan«. Später war von 60, 90, 120, ja 150 km langen Netzen die Rede, welche 15, 25 oder 60 m tief hinabreichen und deren Ausbringen demnach – hochgerechnet – für ein einzelnes Schiff über zwei Tage dauern müßte; 200 Schiffe können den gesamten pazifischen Ozean »dichtmachen ... dann sind an die 24 000 km Netz im Wesser. Diese Länge entspricht 60 %– des Erdumfangs« (GEO 6/1990). Die WAZ vom 28. 12. 1991 läßt im Pazifik pro Nacht sogar »1000 Fangschiffe aus Südkorea, Japan und Taiwan Treibnetze in einer Gesamtlänge von 50 000 km – mehr als der Erdumfang am Äquator« ausbringen und fügt etwas Wichtiges hinzu: »Nur mit dieser Methode kann in den fischarmen, endlosen Weiten der Ozeane weitab von den ergiebigeren Küstenregionen ... rentabel gefischt werden.« Was 100- oder 100-Kilometer-lange Nylonalpträume nicht gutheißen, an dieser Stelle aber daran erinnern soll, daß »fischarme« zugleich delphinarme »Weiten« bedeutet und »incidental catch« gerade dieser »Todeswände« daher vergleichsweise niedrig bleiben läßt. Wenn auch nur – so der Durchschnitt – alle 10–20 km ein Delphin hängenbleibt, lassen sich über längere Strecken und Zeiten jedoch merkbare Quoten addieren: In der sich zwischen Australien und Neuseeland ca. 1500 km ausbreitenden »Tasmanischen See« haben 20 Treibnetzschiffe innerhalb von 3 Monaten ca. 6000 Delphinleichen »produziert« – eine nicht geradezu unfaßbare, gewiß aber nicht erwünschte Zahl. Japanische und britische Walforscher arbeiten daher schon seit Jahren an der Entwicklung seewasserbeständiger Markierungen, die die Netzmaschen für Delphine optisch wie akustisch erkennbar machen, nicht aber Fische abhalten sollen. Testserien aus dem Duisburger Walarium dienen ebenfalls diesem Ziel, zudem bemüht sich die Gesetzgebung, Gebrauch oder zumindest Größe der unterseeischen Riesenzäune einzuschränken. – Die Bezeichnung »ghost nets«/»Geisternetze« bezieht sich auf den Umstand, daß fast täglich große Partien der weitmaschigen »Todeswände« abreißen und dann – jahrelang nichtverrottendes Nylon – vollends unkontrolliert-lebensfeindlich durch die Weltmeere »geistern«.

Ohne bestandsstatistischen Belang ist der – allenfalls nach Dutzenden zählende – (Lebend-)»Walfang« der Delphinarien.

12 Ozeanarien – Delphinarien: Wale als Zootiere

Geschichte der Delphinarien

Zoologische Gärten, die Pflege exotischer Tiere gibt es seit Jahrhunderten, in außereuropäischen Kulturen sogar seit Jahrtausenden; Cetaceenhaltung hingegen, »Ozeanarien« für Delphine und Wale, »Flipper« oder das Science-Fiction-Duell unterm U-Boot sind Entwicklungen unserer Zeit. Überraschend späte Entwicklungen, da es sich um eine für Wissenschaft wie Laienpublikum besonders attraktive Tiergruppe handelt (Abb. 53). *Wie* attraktiv, zeigen der nicht nachlassende Besucherboom der Delphinarien und Walarien, das »whale watching« als Touristenziel und die »Meeresbiologie« als vermeintlicher Traumberuf. Wie wissenschaftlich bedeutsam, spiegelt sich im explosionsartigen Kenntniszuwachs der Cetologie wider.

Die Handvoll vorangegangener Einzelfälle bzw. Zufallsfänge zählt kaum bw. kann anderen Orts (Gewalt 1987, 1990) nachgelesen werden: In der Tat hat es schon Ende vorigen Jahrhunderts einige »erste tiergärtnerische Gehversuche« mit der hierfür »anscheinend am frühesten ... erprobten Art«, dem Weißwal, gegeben, der »bei diesem Pionierschicksal z. T. geradezu abenteuerliches Stehvermögen bewiesen« (Gewalt 1967, 1970)

Abb. 53. Vor Einrichtung der ersten Ozeanarien faszinierten schon tote, d. h. präparierte Wale die Besucher. Zeitungsbild (Holzschnitt) von 1880. – Da die Barten vom Oberkiefer nach unten hängen müßten, hat der Präparator den Wal auf den Rücken (?!) gelegt oder der Zeichner nicht richtig hingeschaut.

oder richtiger, von der Flexibilität seiner natürlichen Lebensweise profitiert hat. Eine Walart, die auch in Freiheit ziemlich regelmäßig zwischen eisbedecktem Meer- und binsengrünem Flußwasser hin- und herpendelt und sogar gelegentliches Stranden gewöhnt ist, nahm es nicht allzu übel, statt auf Schlick auf nassem Seegras zu liegen und zu irgendeinem Aquatank nach Boston, New York oder schließlich sogar England transportiert zu werden. Selbst die strapaziösen Prozeduren täglichen Wasserwechsels oder gelegentlicher »Scheuerfeste«, wie sie die Illustrirte Zeitung vom 3. 2. 1877 schildert (Abb. 54), scheinen verkraftet worden zu sein.

Um so deprimierender verliefen solche Anfänge in Europa, wo man sich naheliegender-, jedoch ungünstigerweise auf den Kleintümmler Phocoena phocoena

150

Das Wasser wird alle 24 Stunden erneuert, von Zeit zu Zeit aber muß eine gründliche Reinigung des ganzen Behälters vorgenommen werden. Zum ersten mal fand dieses ~~große~~ „Scheuerfest" am 15. December v. J. statt; aber dasselbe war leichter angeordnet als ausgeführt. Zunächst wurde ein starkes Segeltuch, an dessen Saum eine Anzahl Taue befestigt waren, auf den Boden des Bassins gebreitet, und nun versuchte man durch gleichzeitiges Anziehen der Taue das Tuch mitsammt dem Meeresriesen aus dem Wasser zu heben und so über dem Wasserspiegel in der Höhe zu halten, bis die Reinigung vollendet. Viermal jedoch schnellte der Wal wieder ins Wasser zurück, und viermal mußte die Manipulation von neuem begonnen werden; in der That ein schweres Stück Arbeit. Endlich ließ sich das Thier, wenn auch ungern, die Luftveränderung gefallen, die man ihm durch öfteres Begießen erträglicher zu machen suchte, während mehrere Leute in seine Behausung, nachdem daraus das Wasser abgelassen worden, stiegen und dieselbe gründlich reinigten.

Abb. 54. Bericht aus der Illustrierten Zeitung vom 3. 2. 1877.

Abb. 55. Der kleine Tümmler ist ein schwieriger Pflegling. Die für heutige Delphinariumspraxis komisch anmutenden Bemühungen dieser englischen Darstellung aus den 60er Jahren des vorigen Jahrhunderts hatten wenig Chancen.

konzentriert hatte. An den Küsten von Nord- und Ostsee war der »Harbour porpoise«, »tumler«, »marsouin«, »Braunfisch« oder »Swinia morska« damals die häufigste Walart. Trotz seiner kaum 40 kg betragenden Handlichkeit ist er jedoch ein selbst für heutige Haltungspraxis relativ schwieriger Pflegling; außerdem gelangten nur gestrandete und vorgeschädigte Zufallsfunde in Ententeiche, Robbenbassins oder ähnliche Notquartiere, wo ihre Lebenserwartung in der Regel gering blieb (Abb. 55).

Die Geschichte der Delphinarien bzw. einer diesen Namen verdienenden Walhaltung beginnt mit dem Großtümmler Tursiops truncatus, dem weltweit verbreiteten, robusten »Bottlenose dolphin«, und zwar an einer jener geografisch-klimatisch begünstigten Örtlichkeiten, wo man nur ein Stück Meer abzuzäunen und »Flipper« vor der Haustür hatte, d. h. in Florida. Gedanklich wie topografisch gleichermaßen nah beieinanderliegend, begann St. Augustines Marineland erstmals im Jahr 1938 außer Rochen und Robben auch »dolphins« zu zeigen;

wobei es für Dompteur Adolf Frohn keine allzu große Umstellung, für das Publikum jedoch eine Sensation war, daß neben Kalifornischen Seelöwen nunmehr schlanke »Walfische« nach Hering sprangen, Bälle apportierten oder Glocken läuteten. Ein zirzensischer »touch«, der sowohl dem Spiel- und Bewegungseifer der Delphine (s. S. 67) wie der Irrmeinung einiger Laien Rechnung trägt, Delphinariumsalltag könne den Tieren »zu langweilig« werden.

Nur vorübergehend hat der II. Weltkrieg noch einmal jene im Vergleich zur Gesamtgeschichte von Tierhaltung und -forschung sehr späte Entwicklung unterbrochen, die auf Floridas 30. Breitengrad begonnen hatte: Mit den 50er Jahren begannen Marinelands, Seaquariums, Seaworlds, Delphinarien und Ozeanarien auch an anderen US-Küsten aus dem Boden zu schießen, in den 60er Jahren auch das Binnenland, Ostasien und Europa, ja die Welt zu erobern (Abb. 56). Zugleich ist aber auch der Siegeszug der Cetologie in einen wahren Sturmlauf übergegangen, denn bei keiner anderen Ordnung des Tierreichs hat – was unseren Zugewinn an Kenntnis, Sympathie und Schutzbereitschaft angeht – die Eröffnung der »Zoolaufbahn« so entscheidende Bedeutung erlangt.

»Wal hinter Glasscheibe« kam in der Tat einer »tiergärtnerischen Mondlandung« gleich, nachdem die Cetologie generationenlang auf das Sezieren angespülter oder harpunierter Kadaver beschränkt war. Hatten zuvor schon präparierte, »ausgestopfte« Wale Zuschauer angezogen, so wurden die neuen Ozeanarien nun zu Publikumsmagneten erster Ordnung. Ob aus »Schaulust« oder »Neugier« – auf jeden Fall lernten erstmals Millionen von Nichtzoologen eine Tiergruppe kennen (und schätzen), die sie vorher kaum interessiert hatte. Ob dabei Profit oder ein wenig »show« gemacht wurde, nur

a

b

Abb. 56 a, b. »Standard«-Delphin der meisten Ozeanarien ist der Große Tümmler.

allein so ließen sich technisch-tiergärtnerische Neuent-
wicklungen verwirklichen, an die vorher nicht zu den-
ken war und die nun aber auch der Wissenschaft zugute
kamen. Slijper, Hediger und immer mehr Forscher
machten von den sich dort bietenden Möglichkeiten be-
geistert Gebrauch. Großozeanarien, z. B. Seaworld, rich-
teten hervorragend ausgestattete Forschungslaborato-
rien mit eigenen Biologen- und Veterinärteams ein, dazu
kommen inzwischen vielfach Auffang- bzw. Rettungs-
stationen für gestrandete Wale und wohl überall die
Möglichkeit, cetologische Spezialthemen als Gastfor-
scher oder Doktorand zu bearbeiten. Auch Duisburgs
»Show-Stars« dienen nebenher regelmäßig der Wissenschaft, während der umgekehrte Weg schwierig scheint:
Ein der reinen Forschung bestimmtes schweizerisches
Projekt konnte seinen Delphinen lediglich 2 kleine
Plastikbehälter im Institutskeller bieten. Auch Delphinhaltung durch Marinebasen bleibt oft ein Kompromiß:
Militäretats sind zwar in der Regel höher als Universi-
tätsbudgets, dafür muß die Finanzierungswürdigkeit von
»Kampfdelphinen«, neben durchaus wertvoller Grundlagenforschung, durch sinnlose Dressuren nachgewiesen
werden, wie z. B. das Aufspüren fehlgelaufener Ver-
suchstorpedos, die man mit einer kleinen Boje hätte versehen können.

Walhaltung

Das Wasser in den Bassins

Normale Schaudelphinarien halten ihre Tiere in
runden oder ovalen Bassins, nur in den südlichen USA
manchmal in einer geeigneten Lagune (Abb. 57); wo es
klimatisch möglich ist, unter freiem Himmel, in winter-

a

b

156

kalten Regionen in entsprechend großen Hallen. Küsten-
nahe Anlagen entnehmen ihr Wasser durch eine Pipeline
dem Meer, wobei je nach Verschmutzungsgrad eine
Sandfilterung vorgeschaltet sein kann. Binnendelphina-
rien stellen die Bassinfüllung künstlich her, indem Lei-
tungswasser mit der erforderlichen Salzmenge versetzt
wird. Die in Duisburg anfangs praktizierte Anmischung
originalgetreuen, der Rezeptur der Korallenfischaquari-
stik entsprechenden Meerwassers war (16 verschiedene
Zusätze in genauem Mengenverhältnis) ebenso aufwendig wie unnötig. Delphinariumswasser wird nicht durch
zarte Kiemen inhaliert, sondern lediglich als Aufent-
haltsmedium benutzt; es muß daher nur die wie z. B. für
das Schlafen (s. S. 43) erforderliche Dichte und den zur
Aufrechterhaltung der körpereigenen Flüssigkeitsbilanz
nötigen Osmosewert (s. S. 104) bieten, was beides durch
eine Kochsalz(NaCl)lösung von etwa 2,6–3,0 % gewährleistet wird und damit der durchschnittlichen Sal-
zigkeit der Ozeane entspricht[24]. Pro Kubikmeter Lei-
tungswasser sind das also 26–30 kg, die Neufüllung
eines Durchschnittsdephinariums erfordert 500–1000
Zentner Salz.

Da Delphine Kot und erhebliche Urinmengen
(Große Tümmler 4–5 l pro Tag) ins Wasser geben, zusätzliche Verunreinigungen während der Fütterungen
entstehen, muß die Bassinfüllung ca. alle 2 h umgewälzt,
d. h. durch entsprechenden Pipelinezulauf erneuert oder
durch Filter gepumpt werden. In der Regel sind dies

---

[24] Binnenmeere wie Ostsee (1,3 %) oder Schwarzes Meer (1,8 %)
sind selbstverständlich »süßer«.

◄ **Abb. 57. a** Weißwale im Public Aquarium/Vancouver. **b** Schwertwal mit einjährigem Jungtier/Sea World San Diego.

turmhohe sand-, kies-, kieselgur- und/oder aktivkohlege-
füllte Filterkessel, die seewasserfest sein und regelmäßig
rückgespült, d. h. wieder ausgewaschen werden müssen.
Schwimmbadübliche Leichtchlorierung gegen organi-
schen Eintrag ist für Delphinarien besonders unbedenk-
lich, da Tag- und Nachtbecken alternierend, d. h. jeweils
ohne Tierbesatz behandelt werden; trotzdem kommen
mehr und mehr sog. biologische Filter, UV-Entkeimer
oder eiweißabschäumende Ozonisatoren in Gebrauch.
Erfahrungsaustausch innerhalb der 1972/73 von den
Delphinarien Duisburg und Harderwijk gegründeten
EAAM (European Ass. for Aquatic Mammals), der rund
150 Walspezialisten aus aller Welt angehören, hat die
Aufbereitungstechnik inzwischen auf einen so hohen
Standard gebracht, daß die Wasserqualität vieler Ozeanarien heute besser ist als die der sog. goldenen, in
Wirklichkeit mehr und mehr verölten und vergifteten
Freiheit. Die Wassertemperatur für Großtümmler liegt
üblicherweise bei 20 °C, die Bassintemperatur der Duisburger Belugas und Jacobitas wird durch Kühlaggregate
unter 10 °C gehalten, das Süßwasser der Orinoko-Delphine hat 26 °C.

▨ Bassingröße

Weniger wichtig als Quantität ist die Qualität des
Wassers, obwohl Außenstehende meist das Gegenteil
vermuten. Die verbreitete Ansicht, daß die größten Tier-
gehege die »besten« bzw. gar »artgerechtesten« seien,
unterstellt zwar gerade der Delphinhaltung besonderen
Raumbedarf, es besteht jedoch keinerlei Anlaß, Wale
von der betreffs anderer Säuger gesicherten Erkenntnis
auszunehmen, daß sich das in freier Wildbahn für Nahrungssuche, Feindvermeidung und Partnerwahl erforder-

liche Platz- und Aktionsvolumen unter Zoobedingungen minimiert. Die Qualität der Tierhaltung wächst nicht mit der Zahl der Quadratmeter, so sehr dies dem Phantasiebild vom »frei umherschweifenden Wild« (s. S. 120) entspräche. Selbstverständlich legt ein Delphin oder andere Tiere »draußen« pro Tag oft etliche Kilometer zurück, jedoch nicht aus Freiheitsdurst, sondern weil er nur so Sardine für Sardine seinen Futterbedarf zusammenbekommen, Partner finden und Feinden entgehen kann. Bringt der Zoo das Futter »ans Bett«, den Partner dazu und sämtliche Feinde weit weg, genügt weniger Raum. Natürlich muß ein Zootier seine Füße, Pfoten oder Hufe »vertreten«, ein Delphinariumsdelphin seine Höchstgeschwindigkeit entwickeln können, sinnlos energiezehrender »Sportsgeist« indes wäre unbiologisch.

Von den vor Fjorden oder Fischnetzen herumlungernden Walen war schon die Rede (S. 88, 121 ff.). Möwen fliegen nicht mehr nach Helgoland, sondern zur Müllhalde. Immer weniger Zugvögel packt Reiselust Richtung Afrika, seit hiesige Winter warm genug bleiben. Amerikas Bären stürmen nicht die Rocky Mountains, sondern Campingplätze – nicht »schön«, aber offenbar bequem und somit ein Hinweis, daß Bequemlichkeiten namens »Zoo« oder »Delphinarium« allenfalls Schlaraffenländer, aber keine »Kerker« sind.

Neue Delphinariumsrichtlinien der EG sehen für eine 5köpfige Großtümmlergruppe 1000 Kubikmeter Wasser bei einer Beckentiefe von 3,5 m und einer Beckenoberfläche von (mindestens) 285 m^2 vor. In den meisten Delphinarien sind dem Hauptbassin Quarantäne- und Ruhebecken, zunehmend auch separate Mutter-und-Kind-Abteile angegliedert, da sich die Trennung von Wochenstube und Schaubetrieb als günstig erwiesen hat. Zum Quarantänebecken gehört in der Regel eine »Behandlungsschleuse« mit flachem Wasserstand, in der die Tümmler oder Wale tierärztlich untersucht werden können. Zur Trächtigkeitsfeststellung und -kontrolle bedient man sich zunehmend der Ultraschalluntersuchung bzw. der Amtshilfe gynäkologischer Kliniken. Proben zur routinemäßigen Blutbildüberprüfung werden einer Schwanzvene entnommen und dadurch erleichtert, daß Ozeanariumsbewohner rasch lernen, ihre Fluke – kopfstandmachend – dem Tierarzt von selbst aus dem Wasser heraus entgegen zu strecken. Während Gesundheitsstörungen anderer Tierformen durch gesträubtes Gefieder, glanzloses Fell u. ä. Anzeichen oft schon für den Laien erkennbar werden, ist der unverändert »glatte«, »fröhlich« ausschauende Großtümmler diagnostisch anspruchsvoller. Wie andere Bereiche der Delphinpflege hat jedoch auch die tierärztliche Betreuung inzwischen ein hochrangiges Spezialistenniveau erreicht, über welche u. a. die Veröffentlichungen der IAAM (Int. Ass. f. Aquatic Animal Medicine) berichten.

Nahrung und Giftstoffe

Aus welchem (seewasserbeständigen) Material – Glasfiber, Kunststoff, Beton – Walbassins gefertigt werden, hat tierhaltungsmäßig wenig Bedeutung; auch in der Natur zeigt sich keine Bevorzugung von Sandstränden, Schlickbänken, Felswänden oder Kaimauern als Begrenzung eines Wohngewässers. Wie Zooarchitektur allgemein dürfen Delphinariumsbauten nicht nach unseren Ästhetik- oder Freiheitsvorstellungen, sondern müssen nach tiergärtnerisch-biologischen Erfordernissen bewertet werden; ansprechende Lösungen zeigen Walariumsneubauten nordamerikanischer Aquarien sowie Projekte des Zoo Duisburg.

Von befristeten Sonderfällen (s. Grauwal GIGI S. 81) abgesehen, werden in den Ozeanarien Zahnwale, d. h. Fisch- und/oder Tintenfischfresser gehalten. Ausgenommen für Flußdelphine, die Karpfen und/oder lebende Forellen erhalten, gelangen ausschließlich Seefische bester Qualität zur Verfütterung, insbesondere Hering, Sprotte, Sardine, Makrele und Wittling; dazu Tintenfische, d. h. Kopffüßer/Cephalopoden der Gattung Kalmare. Nicht allein binnenländische Delphinarien stützen sich zunehmend auf Tieffrostware, die bei −26 °C monatelang haltbar ist, vor dem Verfüttern selbstverständlich aufgetaut wird. Der bei längerer Fischlagerung mögliche Vitamin-B-Abbau wird dadurch ausgeglichen, daß der Trainer einigen Futterheringen eine Vitamin-B-Kapsel unter den Kiemendeckel steckt – wohl Hintergrund der gelegentlich geäußerten Vermutung, Delphinariumstümmler würden »laufend mit Antibiotika vollgestopft«. Ein relevanteres Problem stellt die zumal in Küstennähe zunehmende Schadstoffbelastung der Futterfische durch DDT, PCB, Kadmium, Blei und Quecksilber dar. Für menschliche Normalverbraucher, die wöchentlich ein- oder zweimal ein wenig Fisch essen, spielt dies keine große Rolle, im Nahrungskettenendglied Delphin, das lebenslänglich *nur* Fisch frißt, sammeln sich indes erhebliche Konzentrationen an. Obwohl der Delphinariumsbedarf (Zoo Duisburg: 112 t pro Jahr) aus möglichst sauberen Regionen wie z. B. Reykanes-Ridge/Grönland beschafft wird, sind Negativverschiebungen gegenüber Freimeerverhältnissen nicht auszuschließen. Während sich frei lebende Delphine z. T. von schadstoffarmen *Jungfischen* ernähren, lassen internationale Fischereigesetze, Maschenweitenvorschriften usw. nur den Fang mehrsömmeriger, d. h. höher belasteter *Altfische* zu. Schadstoffspuren werden fast allerorts nachgewiesen: Die Milch eines säugenden Inia-Weibchens aus dem Ori-

Tabelle 1. Nachgewiesene Schadstoffe bei Walen

Seegebiet	Untersuchte Walarten	Gefundene Giftstoffe
Westliches Mittelmeer	Finnwal, Cuviers Schnabelwal, Großtümmler, Gewöhnl. Delphin	Quecksilber, Titan, Eisen
Französische Küste	Grindwal, Blauweißer Delphin	PCB, DDT
Kalifornische Küste	Großtümmler, Kleintümmler, Gewöhnl. Delphin	PCB, DDT
Nordsee	Kleintümmler	Quecksilber
US-Ostküste	Kleintümmler	PCB, DDT

noko enthielt DDT und PCB (Gewalt 1978). Eine, keineswegs vollständige, Liste weiterer untersuchter Walarten und -gewässer s. Tabelle 1.

Ob bzw. wieweit alle in Tabelle 1 genannten Einlagerungen tatsächlich »schädlich« oder gar lebensbedrohend werden können, dürften erst Langzeituntersuchungen ergeben. Manche Stoffe scheinen sich relativ problemlos im Fett »wegstecken« zu lassen, während sich andere in Leber, Nieren, Gehirn u. a. ansammeln, noch andere vielleicht in ungiftigere Körperverbindungen ein- oder umgebaut werden können (Gaskin 1982). Die Eskimobevölkerung der westl. Hudsonbay mußte schon 1975 vor gesundheitsgefährdenden Schwermetallanteilen im Walfleisch gewarnt werden; in der Leber von Färöer-Grindwalen ist die Quecksilber-»Konzentration so hoch, daß man davon abgeraten hat, diese überhaupt noch zu essen« (Sanderson). – Umweltverschmutzung im Dienste des Artenschutzes? Eine bedrohliche Zukunftsvision liefert die Weißwalpopulation der St. Lawrence-Mündung (Kanada): In dem durch Industrieabfall hochbelasteten Strom lebten in den 60er Jahren ca. 5000, heute kaum noch 350 Belugas; viele davon mit Krebserkrankungen oder gar Erbschäden (Rückgratverkrümmungen), und angespülte Kadaver müssen als Sondermüll beseitigt werden. Die fast zur gleichen Zeit – 1969–1975 – aus kanadischen Gewässern ins Duisburger Walarium gebrachten Tiere zeigen sich derweil bei unverändert guter Gesundheit.

Lebendfang

Bisher sind in den Ozeanarien der Welt ca. 30 verschiedene Zahnwalarten gehalten worden, eine deswegen bemerkenswerte Zahl, weil Zoohaltung auf küstenbewohnende oder -gewohnte Formen ausgerichtet ist. Standardbesatz der weltweit meisten Delphinarien ist nach wie vor der Großtümmler Tursiops truncatus, der dabei immer regelmäßiger – z. T. schon in 2. Generation – nachgezüchtet wird. Besonders in Marinezoos des pazifischen Einzugsbereiches häufig anzutreffen ist daneben der Weißseitendelphin Lagenorhynchus obliquidens, auch »Falsche« und »richtige« Schwertwale (Pseudorca crassidens, Orcinus orca) wurden zum gewohnten Anblick. Ein »come back« seines Premieren-Erfolges im vorigen Jahrhundert (s. S. 149) erlebt gegenwärtig – erste Nachzuchten inbegriffen – der Weißwal; weitverbreitete, aber tiergärtnerisch schwierige Formen wie Kleintümmler Ph. phocoena oder gewöhnlicher Delphin Delphinus delphis sind weiterhin Außenseiter geblieben.

Wie grundsätzlich jede Tierhaltung hat/hatte natürlich auch Walpflege Wildfänge zur Voraussetzung. Im Vergleich zu Tranindustrie (s. S. 136), »Incidental catch« (s. S. 144), Massenstrandung (s. S. 126) oder Meeresver-

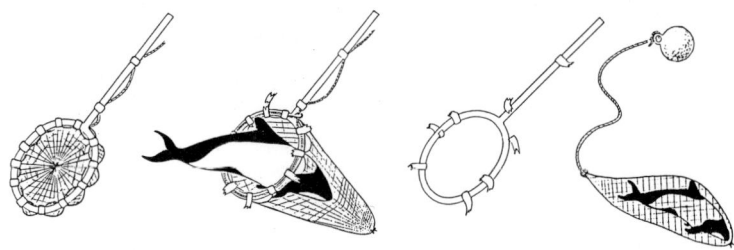

Abb. 58. Der Delphin löst das Netz aus dem Kescherbügel und zieht es um seinen Körper zu einem Beutel zusammen; dieser ist über eine Leine mit einer kleinen Rundboje verbunden.

giftung (s. S. 162) zwar statistisch belanglos, entwickelte sich das »Bringt sie lebend heim!« dieses »Walfang ohne Harpune« zu einem tiergärtnerisch-technisch interessanten Spezialgebiet (Gewalt 1970, 1978, 1986, 1991). Großtümmler und andere buchtenbewohnende Arten werden bzw. wurden in großen Flachwassernetzen eingekreist[25]. Fluß- oder Flußmündungsgebiete bewohnende Arten (Toninas, Belugas) können »mit der Hand gegriffen« werden, wobei sie u. U. weitere Artgenossen anlokken (s. S. 131). Dem offenen Wasser lassen sich bugwellenreitende Arten wie z. B. Jacobitas schonungsvoll durch das sog. Breakaway-Hoopnet entnehmen, eine Art Kescher, dessen bojengetragener Netzbeutel sich abtrennt, sobald ein Delphin darin ist (Abb. 58).

Nach dem Fang kommen die Tiere in einen am Ufer aufgeschlagenen Eingewöhnungspool (es sei denn, das Ozeanarium liegt in der Nähe), wo ihr Gesundheitszustand, u. a. der meist hohe Parasitenbefall überprüft wird. Bereits für diese provisorischen Unterbringungen

---

[25] Immer mehr Delphinarien sind inzwischen durch Eigenzucht mehr oder weniger »autark«.

gilt das Bild des »ruhelos« oder »verzweifelt« an »zu engen« Bassinwänden umherirrenden Odontoceten nicht (Gewalt 1990). Nach wenigen Tagen, manchmal nur Stunden beginnen frisch eingelassene Tiere, sich der Menschenhand zu nähern, sich streicheln zu lassen und Futterfische zu beachten. Delphine brauchen weder zu lernen, toten Fisch anzunehmen (s. S. 88) oder gar vor »Wiederauswilderungen« trainiert zu werden, lebenden Fisch zu fangen, da die Verhaltensweisen der Nahrungsaufnahme angeboren sind.

Zum Transport werden die Tiere auf Schaumgummi und/oder in maßgeschneiderte Tragmatten gebettet, die eine Art »Korsettfunktion« erfüllen: Sie sollen den Körperquerschnitt möglichst rund erhalten, der sich andernfalls – bei gewichtigeren Walarten reicht die Stützwirkung des Skeletts außerhalb des Wassers nicht aus (s. S. 130) – bis zu Quetsch- und Erstickungsproblemen abflachen könnte. Die gegen Osmose- bzw. Austrocknungsschäden eingecremte Haut wird mit feuchtem Musselin abgedeckt, ständig kühlwasserbe-

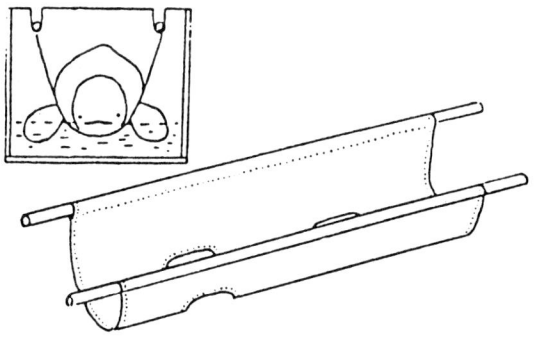

Abb. 59. Tragmatten bzw. -behälter für den Überlandtransport von Delphinen.

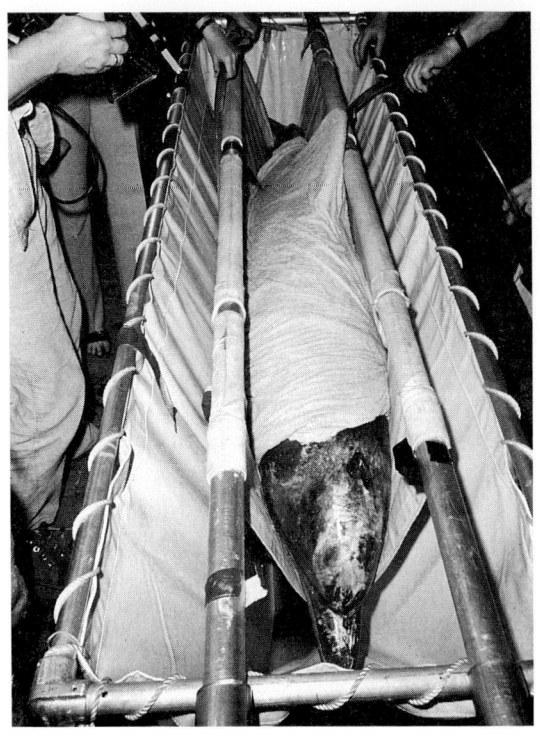

Abb. 60. Auspacken eines Delphins aus dem Transportbehälter. Das Lanolin-becremte, mit feuchten Tüchern abgedeckte Tier ruht in einer Hängematte, die ihrerseits in einem Segeltuchbehälter hängt. Rechts wird gerade einer der Sprühschläuche abgenommen, die bis dahin entlang der beiden Tragstangen befestigt waren und von denen aus während der gesamten Reisedauer Feuchtigkeit geliefert wurde.

sprüht, u. U. sogar eiswürfelbestreut, um Wärmestaus (s. S. 21) vorzubeugen. Auf diese erprobte Weise lassen sich selbst längere Land- oder Lufttransporte »walgerecht« abwickeln, die mit überschwappenden, tonnenschweren »Aquarienkisten« undurchführbar wären (Abb. 59 und 60).

▨ Dressur

Die im Eingewöhnungspool eingeleiteten Mensch-Tier-Kontakte werden nach Ankunft im Ozeanarium, Delphinarium oder Walarium zielstrebig ausgebaut. Die sog. »Futterfestigkeit« kann durch das Beispiel von Artgenossen beschleunigt werden: Zwei 1969 im Zoo Duisburg eingetroffenen Beluga-Weibchen wurden ihre Makrelen – vermutlich zwar überflüssigerweise – wochenlang von Hand ins Maul gesteckt, das 1975 hinzugekommene Männchen nahm sein Futter nach wenigen Tagen selbständig auf. Ein Teil der täglichen Ration – bei Großtümmlern 6–12, beim Jacobita 4–5, beim Weißwal 15–25 kg – pflegt später in Form sog. Belohnungshäppchen während der Dressurprogramme verabreicht zu werden, ist aber keineswegs deren Voraussetzung. Untrainierte Neuzugänge bemühen sich nach kurzer Zeit, wenigstens als »Laienschauspieler« mitzuwirken. Der Versuch, auf Vorführungen überhaupt zu verzichten, erwies sich für Mensch und Tier als zu langweilig. Eingewöhnte Delphine proben zumal in vorstellungsärmeren Zeiten ohne Belohnung und ohne Trainer oder erfinden sogar neue Tricks. Erstaunlichen Einfallsreichtum entwickelten undressierte Flußdelphine, indem sie Unterwasser»reifen« aus Luftblasen herstellten (Abb. 61) und Artgenossen hindurchschwimmen ließen (Gewalt 1989, 1990).

Dressurprogramme gehören zum Bereich des sog. Behavioural enrichment[26], das für Zootiere generell erwünscht, für Delphine aber besonders wichtig bzw. not-

---

[26] Verhaltensangepaßte Reizanreicherung des (Zootier-)Alltags; z. B. »Tüftelkästen«, aus denen sich Menschenaffen ihr Futter mittels selbst zu fertigender Astwerkzeuge herausholen müssen, »Beutesimulatoren« für Raubtiere u. ä. m.

Abb. 61. Viele Verhaltensweisen können nur unter den Bedingungen eines Delphinariums beobachtet werden, hier z. B. der Bau eines Luftblasenreifens durch einen Butu.

wendig ist: körperlich-geistiges Trimm-Dich, das sowohl auf die wassertiertypische *Spielbereitschaft* (s. S. 67) wie auf die zahnwaltypische *Lern-* und *Kommunikationsfähigkeit* Bezug nimmt. Delphinariumsvorführungen – wie Hochspringen, Apportieren, Senkrechtstehen, Lautgeben usw. – basieren auf natürlichen Verhaltensweisen. Auch im Meer schnellen Delphine über Wogenkämme, stupsen Treibholzstücke oder Möwenfedern herum, laden sich Tangbüschel auf den Kopf, geben Fernsignale an Artgenossen oder »machen Männchen« beim »Spy hopping« (s. S. 53). Die Aufgabe bzw. Kunst des Trainers besteht »lediglich« darin, den Wogenkamm durch ein Springseil, das Treibholzstück durch einen Ball usw. zu ersetzen und die Übungen (auf Kommando) abrufbar zu machen. Dies geschieht nach dem Prinzip der sog. Positivdressur:

Macht der Delphin, Schwertwal oder Beluga seine Sache richtig, bekommt er »positiv« eine Belohnung, d. h. ein Stückchen Fisch; wobei die Anforderungen langsam gesteigert, der oder die Belohnungshappen von einem Trillerpfiff begleitet werden. »Sprung durch den Reifen« z. B. beginnt mit *schwimmen* durch den Reifen, der dann immer höher gehalten und immer kleiner wird; ein Trillerpfiff sagt dem Tümmler »das war's!« und wird bald so wichtig wie das Heringsstück selber. Schwertwale schleudern patagonische Seelöwen mit der Schwanzfluke aus dem Wasser, um sie anschließend zu töten; niemand vermag jedoch Tümmler zu zwingen, Gummibälle ins Publikum zu verschießen, und der Trainer kann nur (Stunden, Tage, Wochen?) so lange warten, bis Duphis Schwanzende von selbst an den Ball stößt. Dann aber müssen Trillerpfiff und Heringsfilet in gleicher Sekunde kommen, und falls Delphine wirklich »intelligent« sind, kann es bis zur Programmnummer »Fußball« dann nicht mehr weit sein.

Die Reihenfolge der Nummern ist keineswegs starr. Delphinariumstümmler beherrschen bis zu 40 Kommandos, kennen selbstverständlich ihre Namen, reagieren auf kleinste optische wie akustische Zeichen, aber – positivdressiert – eben nur freiwillig. Das gibt ihren Vorführungen etwas Spielerisch-Leichtes, schließt aber die Möglichkeit des Verweigerns ein. – Negativdressuren mit Elektroschocks, von denen Ex-Flipper-Trainer Feldmann (»O'Barry«) berichtet, gibt es hierzulande nicht.

Neben dem Trimm-Dich-Wert für die Tiere und dem Schauwert für die Besucher sind Zahnwaldressuren für die Wissenschaft wichtig. Speziell sinnesphysiologische Themenstellungen wie

- Kann ein Delphin Farben erkennen und welche?
- Wie weit reicht seine Sonarortung?
- Was für Helligkeitsstufen vermag er auseinanderzuhalten?
- Hat er einen Geruchssinn?
- Reagiert er auf Magnetfeldänderungen?
- Findet er optisch wieder, was er akustisch lokalisiert hatte?

und ähnliche Grundsatzfragen löst die Zoologie am verläßlichsten mittels der Dressurmethode. Ein Beispiel: Um festzustellen, ob ein Jacobita »rot« sehen kann, muß er zunächst »rot positiv« dressiert werden. Er muß lernen, aus einer Gruppe gleichartiger Knöpfe, Töpfe, Türchen, Hebel immer nur das rote Positivsignal zu drücken, zu öffnen oder zu ziehen, indem er nur bei Rot das obligate Fischstückchen erhält. Sobald er diese Übung beherrscht – die lokale Anordnung der Testobjekte wird zur Vermeidung unerwünschter Ortsdressuren (»rechts unten ist richtig!«) ständig variiert –, muß das Rot zwischen zwanzigerlei Grautönen wiedererkannt und zu mindestens 85 % wiedergewählt werden; ein zeitraubendes, aber sicheres Verfahren, um festzustellen, daß Rot tatsächlich als Farbe und nicht nur als Helligkeitsabstufung wahrgenommen wird. Die Frage, wozu man so etwas wissen muß, wird der Grundlagenforschung öfters gestellt. Herman Melvilles Walfänger interessierte, wieviel »Gallonen allerfeinstes Öl die lustigen Gesellen vor dem Winde« liefern. Die Biologie des Delphinariumszeitalters indes interessiert, was die »lustigen Gesellen« sehen, hören, fühlen usw. können, ein wissenschaftlicher Nachholbedarf nach 3 Jahrhunderten Anatomie. Für die aktuelle Sorge, wie bzw. ob es Walen in Walarien »gefällt«, ist durchaus belangvoll zu wissen, was Wale von diesen Walarien eigentlich mitbekommen, wie und was Delphine als ihre Umwelt (Delphinarien inbegriffen) erleben. »Erleben« nicht als Esoterik, sondern im Sinne von Wahrnehmen.

Daß die neuen Delphinarien neben Kenntniszuwachs auch Irrtümer und Überschwenglichkeiten mit sich brachten, war unvermeidbar, daß sich neben geschulten Biologen auch Nervenärzte und Showbusiness, Hippies und Militärtechnik über »Flipper« hermachten und ein eigenes Bild ihres »Bruders im Meer« skizzierten, ebenfalls. Doch diese Phase scheint allmählich abzuklingen: Um die Tümmler, die »mit uns sprechen wollen«, ist es schon merklich stiller geworden. Daß sich ein paar verhaltensgestörte Einzeldelphine in dieser oder jener Meeresbucht von Touristen betatschen lassen, ist kein Ersatz für Ozeanarien, von denen Bernhard Grzimek sagte: »Delphinhaltung ist besonders wichtig, denn nur durch sie konnten viele Geheimnisse dieser sonst im Meer verborgenen Geschöpfe enträtselt und viele Menschen für den Schutz der zuvor grausam verfolgten, oft fast ausgerotteten ’Rohstofflieferanten’ gewonnen werden.«

13 Weltbestände – Walprobleme: Was wird aus Moby Dick?

Oder müßte es Weltprobleme – Walbestände heißen? Der Vergleich der Jahre 1910 und 1990 (Tabelle 2) ist vielleicht schon überholt.

Obwohl wir von S. 142 um die Ungenauigkeit solcher Bestandszählungen bzw. -schätzungen wissen: Mit den meisten Großwalen ist es – Ausnahmen Grau- und Zwergwal – eindeutig bergab gegangen. Daß es immer weniger Wale gibt, hängt damit zusammen, daß es immer mehr Menschen gibt; 7 Milliarden demnächst. Sie essen zwar nicht sämtlich Walfleisch oder trinken Walöl, aber sie bevölkern – mit immer längeren Badesträndern, Uferpromenaden, Fjordbrücken, mit immer zahlrei-

Tabelle 2. Weltbestand 1910 und 1990

	1910	1990
Blauwal	228 000	6 000
Nordkaper/Südkaper	100 000	4 000
Buckelwal	115 000	10 000
Grönlandwal	30 000	7 200
Finnwal	548 000	145 000
Seiwal	256 000	54 000
Grauwal	20 000	18 000
Pottwal	2 400 000	1 950 000
Zwergwal	490 000	860 000

cheren Surfbrettern, Speedboats, Lobsterpartys, mit immer häufigeren Tankerkatastrophen, Dünnsäureskandalen, Algenpestschlagzeilen – die Erde, einen Planeten, dessen Begrenztheit Konrad Lorenz schon vor Jahr und Tag mahnen ließ, daß es auf ihm kein unbegrenztes Wachstum geben könne. Astronauten haben unseren wegen seiner Meere »blauen Planeten« als rührend kleinen Himmelskörper erkannt; Naturschutz, der ständig die Vorsilbe »Öko-«[27] strapaziert, wird dies ebenfalls erkennen müssen.

Heutiger Tierschutz muß Artenschutz, heutiger Artenschutz muß Biotopschutz sein; so schwer das fällt, wenn der »Biotop« mehrere Ozeane umfaßt. »Save the Whales?« Save the Sea! Wir dürfen uns nicht nur »nette« Tiere herauspicken.

Die Weltfischfangmenge (= Gesamtjahresernte inkl. Schal- und Krustentiere, Squid und Krill) betrug 1950 21 Mio t und nahm von da an jährlich um ca. 7 % zu. Anfang der 70er Jahre waren es über 70 Mio t, angestrebt oder inzwischen erreicht sind 100 Mio t. Viele Regionalbestände sind dadurch bereits überfischt oder zusammengebrochen, z. B. die des Pilchards vor der südafrikanischen, die der Sardine vor der chilenischen Küste. Der Heringsfang in der Nordsee ging von 4 Mio t auf unter 1 Mio t, der Schellfischfang im Nordwestatlantik von 250 000 t auf 20 000 t (= weniger als 1/10!) zurück. Andere Regionen liefern nur noch verkrüppelten Fisch oder »kippen« um; uns jedoch hat der Thunfang erst gestört, als dabei auch Delphine in den Netzen hängen blieben.

---

[27] Griech. oikos = Haus. – Die Begriffe »Ökologie« (= Lehre vom Haushalt der Natur) wurden 1866 von den Zoologen E. Haeckel, »Biozönose« (= Lebensgemeinschaft), 1877 von K. Möbius, »Ökosystem« (= Beziehungsgefüge der Lebewesen untereinander unt mit ihrem Lebensraum), 1918 von A. Thienemann eingeführt.

Die ethische Motivation des Tierschutzes stand niemals in Frage, seine Selektionskriterien – liebe Singvögel, niedliche Robbenbabys, zärtliche Riesen – wollen zum Blauen Planeten indes nicht passen. Statt nach »netten« Tieren nach »bösen« Menschen zu suchen, löst gleichfalls kein Ökoproblem: Die Japaner sind es nicht, oder sind es jedenfalls nicht allein.

> Der Hauptgrund liegt in der wachsenden Nachfrage nach Fisch und Fischprodukten in den Industrieländern. Vor allem Westeuropäer und Nordamerikaner essen mehr und mehr Fisch und schaffen so eine steigende Nachfrage nach Zusätzen zur Tiernahrung, besonders nach Fischmehl. Etwa ein Drittel der weltweiten Fangmenge wird z. Z. zu Fischmehl verarbeitet... Andere Länder brauchen ganz einfach mehr Fisch, Japan z. B. ist auf die Ozeane angewiesen, um 60 % seines Bedarfs an tierischem Eiweiß zu decken (der weltweite Durchschnitt liegt bei 15 %). (Myers 1985)

Nun sind Wal»fische« zwar keine Fische, die Meere der Erde jedoch letztlich *ein* Ökosystem. Wenn die Weltbevölkerung jeden Tag um 0,3 Mio zunimmt und ihr Fischappetit ebenfalls, wenn immer größere Seegebiete mit immer längeren Netzen immer gründlicher »leergebürstet« werden, bleibt die Ordnung Cetacea davon nicht unberührt. Wenn dann überhaupt noch etwas hilft, ist es Sachlichkeit.

Es beginnt mit dem sachlich-richtigen Bild des Wales. Barthelmess (1992) nennt die »schönfärberische, disneyhaft-kitschige Zensur des Wal-Bildes« eine »besonders würdelose Form von Ausbeutung ... ja pseudowissenschaftlich ... schnulzenhaft und regelrecht verlogen« – auf jeden Fall entspricht sie nicht den biologischen Tatsachen. Wale sind keine »sanften Giganten«, daß sie »sich nicht wehren« können, teilen sie mit der übrigen Tierwelt, auch zu »erzählen« haben sie uns nichts. Daß die »whale huggers« (= Wal-Knutscher) aus ehemaligen Rohstofflieferanten »Totemtiere des New Age« gemacht haben, war gut gemeint und taktisch nicht ungeschickt; es war wahrscheinlich sogar nötig, als – so die Präambel des Internationalen Übereinkommens zur Regulierung des Walfangs von 1946 – »ein Fanggrund nach dem anderen und eine Walart nach der anderen in solchem Maße überfischt worden ist, daß es wesentlich ist, alle Walarten vor weiterer Überfischung zu schützen«. Doch darüber ist allerhand Zeit vergangen, Walschutz für das Jahr 2000 muß andere Prioritäten finden. Daß gefährdete Bestände geschützt werden und geschützt bleiben, muß ebenso selbstverständlich werden wie die adäquate Nutzung nicht gefährdeter Bestände.

Walschutz darf nicht länger zur Selbstdarstellung oder als Robin-Hood-Ballade praktiziert werden, schon gar nicht als Rührstück. (»Als die Sonne auf der einen Seite unter- und der Vollmond auf der anderen Seite aufging, wußte ich, daß ich weiter für diese sanften Giganten des Meeres kämpfen würde; mir blieb einfach keine andere Wahl...«) Schlauchbootrunden ums Walfangschiff sind so sinnvoll, als führe man unseren Jägern auf dem Weg zum Schalenwildabschuß vors Auto – auf den richtigen Abschußplan kommt es an; und zuvor auf richtige Bestandszahlen. Daß das engbesiedelte Deutschland noch immer große Wildbestände hat, dankt es einzig der Jagd. 731 000 Rehe pro Jahr werden erlegt, weitere 80 000–100 000 überfahren – noch zu wenig, wenn man Waldverbißökologen folgt. Was soll moralische Entrüstung über »Mord« und »Barbarei«, wenn die Färöer-Insulaner 1500 Grindwale (NO-Population 750 000), die Japaner 300 Zwergwale (Weltbestand 800 000) konsumieren? Wer sein Steak in Plastikfolie bezieht, hat leicht über »Blutbäder« lamentieren!

Mit der Natur leben heißt auch – maßvoll – von der Natur leben; keine vegetarische Abstinenz, ökologisches Augenmaß ist gefragt. Daß der Indische Ozean zum Walschutzgebiet erklärt wurde, war erfreulich, aber nicht das Dringendste. Größere Bedeutung hätte sicher der französische Vorschlag, Teile der Antarktis unter Schutz zu stellen. Das Wichtigste aber: Unser »Walschutz aus dem Fernsehsessel« muß sich an den (biologischen) Realitäten orientieren. Das von der IWC verabschiedete sog. Moratorium setzte die Küsten- und Hochseewalfangquoten ab 1986 auf Null und hat folgende Ziele (Weidlich 1992):

- Die von der Ausrottung bedrohten Walbstände sollen sich erholen.
- Es sollen umfassende Bestandsschätzungen durchgeführt werden.
- Es soll ein neues Walfangsystem, mit dessen Hilfe Wale wieder kommerziell gejagt werden können, ohne sie an den Rand der Ausrottung zu bringen, erarbeitet werden.
- Die Auswirkungen des Moratoriums auf die Walbestände sollen ermittelt werden.

Das klingt vernünftig, hat aber zu neuen Irritationen geführt: »Kommerzielles« Jagen gilt als Diffamierung, obwohl so gut wie jeder Naturkonsum »kommerziell« ist; gleichzeitig wird auch der sog. wissenschaftliche Walfang zur Farce erklärt, obwohl seine Resultate jederzeit nachprüfbar sind. (Die Behauptung: »Analysen, die sich auf Daten getöteter Wale stützen, erbringen keine Ergebnisse, die einer wissenschaftlichen Bewertung standhalten«, würde einen Großteil unserer biologischen Forschung hinfällig machen.) Das Ergebnis sind auf der einen Seite stete Versuche, die IWC-Beschlüsse zu unterlaufen,

Tierschützer retteten Delphine vor Killerwalen

SYDNEY (afp) Australische Naturschützer haben Delphine durch den Einsatz von Knallkörpern vor einem Angriff von Killerwalen gerettet, die etwa 400 Delphine in der tasmanischen Adventure Bay in die Enge getrieben hatten. Tierschützer waren auf die Verfolgungsjagd aufmerksam geworden, nachdem sich etwa ein Dutzend Delphine in Panik auf den Strand geworfen hatten. Durch den Krach wurden auch die Delphine aus der Bucht vertrieben, in der sie zunächst Schutz gesucht hatten, die ihnen aber zur Falle geworden war.

Abb. 62. Zeitungsbericht über eine Wal-»Rettungs«aktion. – Wann beginnen wir, Frösche vor Storchen zu »retten«?

auf der anderen Seite die Fortdauer des Medienkampfes gegen »Walmörder« und die Schaffung eines neuen »Heldenbildes der westlichen Freizeitkultur« (Barthelmess 1992), des »Walretters« (Abb. 62). Hysterie, wo allein Sachkunde nottäte.

Was sollen Spendenaufrufe, um 2 Delphinveteranen eines Freizeitparks »auszuwildern«? Wie lange noch bleibt der mit der Einrichtung der Ozeanarien verbundene Kenntniszuwachs von seltsamen Re-Mystifizierungen begleitet? Noch immer benötigt Duisburgs Delphinarium vervielfältigte Ablehnungsschreiben für Wal-Enthusiasten, die »einmal im Leben« einen Tümmler anfassen, von Nahem sehen, mit ihm schwimmen wollen.

Das Fremdenverkehrsgewerbe entdeckte das »whale watching«, bei dem ein Provinzhafen mehr einnehmen konnte als alle übrig gebliebenen Walfangreedereien der Welt zusammen. Die Horden verzückt johlender Waltouristen rückten den Meeresriesen mancherorts so dicht auf den Speck, daß besorgte Wissenschaftler die Behörden zum Einschreiten veranlassen mußten (Weidlich 1992).

Droht Delphinariums-Delphinen »Streß«, weil sie vorgeführt, »Depression«, weil sie nicht vorgeführt werden? Walschutz ohne Walkenntnis verfehlt seinen Anspruch.

177

Die Pendelausschläge zwischen »Tran-« und »Wundertier« sind kürzer geworden, doch noch immer zu spüren; daß sie einmal in einer »Realität« genannten Mitte zum Stillstand kommen, gehört zu den Anliegen dieses Buches.

Literatur

Abel O (1907) Die Morphologie der Hüftbeinrudimente der Cetaceen. Denkschr Kais Akad Wiss Wien, Math.-naturw Kl 81:139–195

Barthelmess K (1992) Auf Walfang. In: Weidlich K (Hrsg.) Von Walen und Menschen. Hamburg, S 4–51

Barthelmess K, Münzing J (1991) Monstrum horrendum – Wale und Waldarstellungen des 16. Jahrhunderts und ihr motivkundlicher Einfluß. Hamburg

Bigg MA, Graeme ME, Ford JKB, Balcomb KC (1987) Killer Whales. Nanaimo, British Columbia, Canada

Bonner N (1980) Whales. London

Bonner N (1989) Whales of the World. London

Bonnett Wexo J (1987) Whales. ZOOBOOKS, Wildlife Education Ltd., San Diego

Bright M (1991) Masters of the Oceans. London

Clark MR (1978a) Structure and proportions of the spermaceti organ in the Sperm Whale, J Mar Biol UK 58:1–17

Clark MR (1978b) Buoyancy control as a function of the spermaceti organ in the Sperm Whale. J Mar Biol UK 58:27–71

Deimer P (1977) Der rudimentäre Extremitätengürtel des Pottwals (Physeter macrocephalus L. 1758), seine Variabilität und Wachstumsallometrie. Z Säugetierkde 42:88–101

Donoghue M, Wheeler A (1990) Dolphins – Their Life and Survival. Blandford New Zealand

Earle S, Giddings A, Payne R (1979) Humpbacks, the gentle Whales; Humpbacks, their mysterious songs. Nat Geogr Mag Vol 155(1):2–23

Ellis R (1991) Men and whales. New York

Evans P (1987) The Natural History of Whales and Dolphins. London

Evans WE, Powell BA (1967) Discrimination of different metallic plates by an echolocating delphinid. In: Busnel RG (ed) Animal sonar Systems. Laboratoire De Physiology Acoustique, INRA-CNRZ, Jouy-en-Josas, pp 363–383

Gaskin DE (1982) The ecology of whales and dolphins. London

Gesner C (1670; Nachdr. 1981) Fischbuch. Franckfurt am Mayn/Nachdr., Schlütersche, Hannover

Gewalt W (1967) Über den Belugawal Delphinapterus leucas (Pallas 1776) im Rhein bei Duisburg. Z f Säugetierkd 32:65–86

Gewalt W (1970) Unsere Weißwal-(Delphinapterus leucas Pall.) Expedition 1969. D Zool Garten NF 38, S 187–226

Gewalt W (1976) Der Weißwal. Die Neue Brehm-Bücherei. Wittenberg Lutherstadt

Gewalt W (1978) Unsere Tonina-(Inia geoffrensis Blainville 1817)Expedition. D Zool Garten NF 48:323–384

Gewalt W (1985) 20 Jahre Delphinarium Duisburg – Wie machen die das bloß? Duisburg

Gewalt W (1986) Auf den Spuren der Wale – Expeditionen von Alaska bis Kap Hoorn. Düsseldorf

Gewalt W (1987) Waltiere. In: Grzimeks Enzyklopädie, Bd 4, S 325–438. München

Gewalt W (1987) Heiße Asche und »Häring am seidenen Faden« – aus der Geschichte der Delphinhaltung. Bongo 13:81–96

Gewalt W (1989) Orinoco-Freshwater-dolphins (Inia geoffrensis) using self-produced air bubble »rings« as toys. Aquat Mammals 15:7379

Gewalt W (1990) »Luftschlösser bauen« – für Inias Routine. Der Zoofreund. Z Zoofreunde Hannover 75:27

Gewalt W (1990) Ozeanarien – Delphinarien – Cetaceen als »Zootiere«. D Zool Garten NF 60, S 197–208

Gewalt W (1991) Unsere Jacobita-(Cephalorhynchus commersoni LaCepède 1804) Expeditionen 1978, 1980 und 1984. D Zool Garten NF 61, H 5/6

Gewalt W (1993) Tiere im Zoo. In: Poley D (Hrsg) Berichte aus der Arche. Stuttgart

Harrison R, Bryden M (1988) Whales, Dolphins and Porpoises. London

Harzen S, Dos Santos ME (1992) Three encounters with wild bottlenose dolphins (Tursiops trancutas) carrying dead calves. Aquat. Mammals 18/2:49–55

Hediger H (1942) Wildtiere in Gefangenschaft. Ein Grundriß der Tiergartenbiologie. Basel

Hediger H (1963) Weitere Dressurversuche mit Delphinen und anderen Walen. Z Tierpsychol 20:487–497

Kasuya T, Marsh H, Mino A (1993) Non-Reproductive Mating in Short-Finned Pilot Whales

Kellogg R (1928) The history of whales – their adaptions to life in the water. Q Rev Biol 3:29–76, 174–208

Kellogg R (1936) A review of the Archaeoceti. Carnegi Inst Publ 482:1–366

Kellogg WN (1958) Echo ranging in the porpoise. Science 128:982–988

Klinowska M (1988) Geomagnetic Orientation in Cetaceans, Behavioural Evidence. J Navigation 41(1):52–71

Kramer MO (1969) Die Widerstandsverminderung schneller Unterwasserkörper mittels künstlicher Delphinhaut. Jahrbuch 1969 d Deutschen Ges f Luft- u Raumfahrt, S 1–9

Kramer MO (1977) Boundary Layer Control by »Artificial Dolphin Coating«. Naval Engineers Journal 41–45

Leatherwood S, Reeves RR (1983) Whales and Dolphins. San Francisco

Lee H (1978) The white whale, Burt, London

Lilly JC (1967) Delphin – ein Geschöpf des 5. Tages? München

Lockyer C (1977) Observations on diving behaviour of the Sperm whale. A voyage of discovery. Oxford

Manton V (1988) Wale und Delphine in Gefangenschaft. In: Keller J (Hrsg) Wale und Delphine. Hamburg S 196–203

Minasian SM, Balcomb III KC, Foster L (1948) The World's Whales. New York, London

Mitchell ED, Reeves RR, Evely A (1986) Bibliography of Whale Killing Techniques. IWC Special Issue 7. Cambridge

Mukhametov L (1984) Sleep in marine mammals. Exp Brain Res Suppl 8:227–238

Mukhametov L, Supin AY, Polyakova IG (1977) Interhemispheric asymmetry of the electroencephalographic sleep patterns in dolphins. Brain Res 134:581–584

Mukhametov L, Oleksenko AI, Polyakova IG (1987) Duration of EEG stages in dolphin cerebral hemispheres. Dokl Akad Nauk 294, 748–751 (in Russian)

Myers M (1985) GAIA – Der Öko-Atlas unserer Erde. Frankfurt

Norris KS, Prescott JH, Asa-Dorian PV, Perkins P (1961) An experimental demonstration of echolocation behavior in the porpoise Tursiops truncatus (Montagu). Biol Bull 1202:163–176

Oelschläger H (1978) Erforschungsgeschichte, Morphologie und Evolution der Wale. Natur u Mus Bd 108, S 317–333

Oelschläger H (1987) Pakicetus inachus and the Origin of Whales ald Dolphins (Mammalia : Cetacea). Gegenbaurs morphol Jahrb 133, S 673–685

Payne R, McVay S (1971) Songs of Humpback whales. Science 173:587–597

Payne R, Webb D (1971) Orientation by means of long range acoustic signalling in baleen whales. Ann New York Acad Sci 188:110–142

Rothausen K (1968) Die systematische Stellung der europäischen Squalodontidae (Odontoceti; Mamm.). Paläont Z 42:83–104

Rothausen K (1985) The early evolution of Cetacea. Fortschritte d Zoologie Bd 30:143–147

Sanderson K (1992) Wale und Walfang auf den Färöern. Tórshavn

Savage R, Long M (1986) Mammal evolution – an illustrated guide. British Museum (Natural History)

Schmidt I, Kamminga C (1993) Cross-modal Perception in a Beluga (Delphinapterus leucas): A Matching-to-Sample Performance based on Perceptual Relationship in the Visual and Auditory Modalities. Abstracts EAAM 21st Ann Symp Madrid, 31

Slijper E (1958) Walvissen. Amsterdam

Slijper E (1961) Riesen des Meeres – eine Biologie der Wale und Delphine. Springer, Berlin Heidelberg Göttingen (Verständliche Wissenschaft Bd 80)

Smet WMA de (1975) On the pelvic girdle of Cetaceans of the genus Mesoplodon Gervais, 1850. Z Säugetierkunde 40:299–303

Struthers J (1981) Bones, articulations and muscles of the rudimentary hind limb of the Greenland Right-Whale (Balaena mysticetus). J Anat Phys 15:141–174, 301–321

Thenius W (1987) Stammesgeschichte (Waltiere). In: Grzimeks Enzyklopädie Bd 4, S 354–357, München

Tinkler SW (1988) Whales of the World. Leiden-New York-Köln

Watson L (1981) Sea Guide to Whales of the World. London
Weidlich K (1992) Von Walen und Menschen, Hamburg
Whales – Their Story (1975) Vancouver Public Aquarium Newsletter
Winterhoff E (1974) Walfang in der Antarktis. Oldenburg
Zahn K (1989) Whales. Headline, London

Bildquellenverzeichnis

1	Habdank W
2, 8 a, b, 10	Gewalt W
11 a, b, 15 b,	
17, 20 a, b, 22 a, b,	
23, 26 b, 27 a–c	
29, 30 a, b, 34	
40 b, 41 a, b, 42 b	
46, 50, 57 a, b,	
60, 62	
3, 32	Whales – Their Story (1975). Vancouver Public Aquarium Newsletter Vol. XIX, Nr. 4, July–August
4	Zahn K (1989) Whales. Headline, London
5	Savage R, Long M (1986) Mammal evolution – an illustrated guide. British Museum (Natural History)
6	Harrison R, Bryden M (1988) Whales, Dolphins and Porpoises. London
7, 37	Gewalt W (1976) Über den Belugawal Delpinapterus leucas (Pallas 1776) im Rhein bei Duisburg. Z f Säugetierkd 32: 65–86
9	Bonnett Wexo J (1987) Whales. ZOOBOOKS, Wildlife Education Ltd., San Diego
12	Gesner C (1670; Nachdr. 1981) Fischbuch. Franckfurt am Mayn/Nachdr.; Schlütersche, Hannover
13, 24	Slijper E (1985) Walvissen. Amsterdam
14, 18	Bonner N (1980) Whales. London
15 a	Stinn D

16	Nach einem Kupferstich von Breschet (1836)
19	Slijper E (1961) Riesen des Meeres – eine Biologie der Wale und Delphine. Springer, Berlin Heidelberg Göttingen (Verständliche Wissenschaft, Bd 80)
21	Nach Bonner N (1980) Whales. London
25, 31	Donoghue, Wheeler (1990) Dolphins – Their Lifes and Survival. Blandford New Zealand
26 a	Pröpper H
28	Minasian SM, Balcomb III KC, Foster L (1984) The World's Whales. New York, London
33	Bonner N (1989) Whales of the World. London
35, 36	Gewalt W (1987) Waltiere. In: Grzimeks Enzyklopädie, Bd 4, S 325–438. München
38, 43 a, b	Slijper E (1961) Riesen des Meeres – eine Biologie der Wale und Delphine. Springer, Berlin Heidelberg Göttingen (Verständliche Wissenschaft, Bd 80)
39	Illustriertes Flugblatt von Jacob Matham nach Hendrick Goltzius (1598)
40 a	Reimann R
42 a	Sea World of Florida
44	Ellis R (1991) Men and whales. New York
45	Mate B (1989) Watching Whale Habits and Habitats from Earth Satellites. In: Whalewatcher Vol. 23, Nr. 2 pp 13–17
47	Zeitgenössische Darstellung, vermutlich von Theodor von Bry (17 Jh.)
48	Zeitungsbild um 1870
49	Kolorierter Stahlstich von Charles Beyer nach Edouard Travies (um 1840) Aus: Lacépède BGE (1844) Histoire Naturelle, Bd I. Paris
51	Mitchell ED, Reeves RR, Evely A (1986) Bibliography of Whale Killing Techniques. IWC Special Issue 7. Cambridge
52	Evans P (1987) The Natural History of Whales and Dolphins. London

53	Zeitungsbild um 1880
54	Illustrierte Zeitung (3 2. 1877)
55, 59	Gewalt W (1990) Ozeanarien – Delphinarien – Cetaceen als »Zootiere«. D Zoolog Garten NF 60, S 197–208
56 a	Jesse H
56 b	Roskothen B
58	Gewalt W (1991) Unsere Jacobita- (Cephalorhynchus commersoni LaCepède 1804) Expeditionen 1978, 1980 und 1984. D Zool Garten NF 61, H 5/6
61	Gewalt W (1989) Orinoco-Freshwater-dolphins (Inia geoffrensis) using self-produced air bubble »rings« as toys. Aquat Mammals 15:7379

Sachverzeichnis